中秋酥脆枣高效栽培技术研究

主　编　胡华敏

副主编　王　森　曾江桥

曾建新　张赛阳

黄河水利出版社

·郑　州·

图书在版编目(CIP)数据

中秋酥脆枣高效栽培技术研究/胡华敏主编. —郑州:黄河水利出版社,2023.10

ISBN 978-7-5509-3773-4

Ⅰ.①中… Ⅱ.①胡… Ⅲ.①枣-果树园艺-研究 Ⅳ.①S665.1

中国国家版本馆 CIP 数据核字(2023)第 201618 号

责任编辑 景泽龙　　责任校对 杨秀英
封面设计 张心怡　　责任监制 常红昕
出版发行 黄河水利出版社
地址:河南省郑州市顺河路 49 号　邮政编码:450003
网址:www.yrcp.com　E-mail:hhslcbs@126.com
发行部电话:0371-66020550
承印单位 河南新华印刷集团有限公司
开　　本 787 mm×1 092 mm　1/16
印　　张 3.5
字　　数 100 千字
版次印次 2023 年 10 月第 1 版　2023 年 10 月第 1 次印刷

定　　价 38.00 元

《中秋酥脆枣高效栽培技术研究》编委会

主　编　胡华敏

副主编　王　森　曾江桥　曾建新　张赛阳

编　委　胡华敏　王　森　曾江桥　曾建新　张赛阳　梁　洋　廖莹莹　王　煜　刁颖颖　刘士煜

前　言

枣为鼠李科枣属植物,中国拥有全世界98%以上的枣种质资源和近100%的枣产量,是我国栽培最早的经济林树种之一,也是主要的木本粮食树种之一,素有“铁杆庄稼”之称。因经济效益、生态效益和社会效益高,枣成为分布、栽培遍及全世界的经济树种,也是美化环境、绿化荒山、改善生态的优良树种。

中秋酥脆枣是湖南新丰果业有限公司联合中南林业科技大学从本地糖枣芽变枝条中选育出的南方鲜食枣新品种。2005年该品种的选育过程通过湖南省科技厅成果鉴定;2007年通过湖南省农作物品种审定委员会审定并进行品种登记;2013年被袁隆平院士题词为“天赐珍品——祁东酥脆枣”;2014年获“国家地理标志产品”保护认证,保护名称为“祁东酥脆枣”。该品种具有以下特点:植株较开张,果实椭圆形或长圆形,观察期内最大果重25.7 g,平均单果重13.2 g,平均果形指数为1.2,可食率97.1%,可溶性固形物35.8%。叶片较大,阔卵形,先端钝尖,叶色较绿,叶片长6.4~7.8cm、宽3.6~4.2 cm;幼树针刺发达,长1.2~2.7 cm,枣吊较细长,花量大,每个叶节最多结果达10个,每个枣吊最多结果达35个。中秋酥脆枣在祁东县3月下旬萌芽,4月上中旬展叶,5月上旬初花,5月中旬盛花,花期40 d左右,果实生长期90~100 d,完熟期9月中下旬,11月中旬开始落叶。

近年来,在“脱贫攻坚”“乡村振兴”“一带一路”等国家战略和倡议的实施下,中秋酥脆枣在长江以南的湖南、江西、广西、广东等省(区)大量栽培,生产实际迫切需要针对中秋酥脆枣的高效栽培技术进行整理总结。2018年中秋酥脆枣在巴基斯坦瓜达尔等地栽培,在培训当地工人时需要一部比较完整的栽培技术手册,供中方培训教师使用,同时,本着科普的目的,以河南省科学院的胡华敏所长为首,王森、曾江桥、曾建新、张赛阳共同编写了此书。

该书的出版得到了“十四五”国家重点研发计划子课题“枣精准水肥调控关键技术研究精准施肥项目”（2022YFD2200404）、中央财政推广项目“南方鲜食枣栽培技术标准化示范区建设”（〔2023〕XT 15 号）、科技部“2023 年人社部湘赣边革命老区特色经济林产业振兴专家服务团”（人社厅函〔2023〕60 号）的支持，编者在此一并致谢！

由于作者水平有限，书中难免有疏漏、不当之处，敬请有关专家及广大读者惠予指正。

编　者

2023 年 8 月

目　录

第1章　中秋酥脆枣生物学特性

1.1　中秋酥脆枣根系生长与分布

枣树根系由水平根、垂直根、侧根和须根组成。

水平根很发达，生长力强，分布广，常超过树冠直径的3~6倍，所以有“行根”和“串走根”之称。水平根分布虽远，但多集中于近树干的1~3 m处，距树干越远的水平根越少，一般分布在15~30 cm深的表土层中。其主要功能是扩大根系范围和发生根蘖苗木。水平根上可发生多数侧根，增加根系的吸收能力。

垂直根由水平根分枝向下延伸而形成，可深达3~4 m，其延伸深度小于树体高度，通常为树高的1/2。垂直根的主要功能是固定树体和吸收土壤深层的水分和养分，其分布深浅和土壤条件有很大关系。实践经验证明，深翻改土、加厚土层、提高土壤肥力、改善根系生长条件，是枣树增产的根本措施。

侧根主要由水平根的分根形成，延伸能力较弱但分枝力较强。侧根上和末端着生许多须根。其主要功能是吸收养分和水分，也能抽生根蘖，可用于分株育苗。但根蘖常会夺取母株养分，削弱树势，所以除育苗需要外，应及时去掉根蘖。

须根又叫吸收根，粗度1~2 mm，长约30 mm，寿命较短，有自疏现象，不断进行周期性更新。侧根上着生须根最多，垂直根上仅有少量须根，其功能是吸收水分和养分。若土壤条件适宜，须根生长量大，分枝多，吸收力强，有利于树体生长和丰产，所以，必须加强枣园土壤管理，深翻改良土壤，增施肥水。

枣树根系含水量少，易失水干枯。据报道，晴朗有风天气起苗后，根系露在田间2 h有些就干枯了。所以，起苗时一定要保护好根系，定植前用清水浸根,使其充足吸水,以提高栽植成活率。枣树根系在年周期中的生长动态为:华北地区,春季4月下旬开始活动,6月中旬出现第一次生长高峰,8—9月出现第二次生长高峰,可一直延续到10月下旬,根系生长和地上部生长高峰交替出现,往往根系生长高峰出现在地上部高峰之后,所以应注意后期肥水管理,以利根系生长和吸收,增加树体贮藏营养的含量。

1.2 中秋酥脆枣枝芽特性

简单来讲,枣树的芽分为主芽和副芽两种。枝条分为枣头(发育枝)、二次枝(结果基枝)、枣股(结果母枝)、枣吊(结果枝)等四种类型。

1.2.1 芽的特性

1.2.1.1 主芽

主芽着生于枣头、枣股的顶端,以及枣头一次枝(枣头主轴)和二次枝的叶腋间。枣头顶端的主芽,春季萌发后形成新的枣头,在幼龄树上具有连续数年单轴延伸的特性,可用于扩大树冠、形成骨干枝,也可培养成结果枝组;枣头上的侧生主芽(一次枝叶腋间着生),一般不萌发,如果受到机械损伤或修剪刺激,也可形成枣头。枣头二次枝叶腋间的主芽一般形成枣股,如果受到短截修剪,也能萌发抽生新的枣头。枣股顶端的主芽,年生长量很小,长度仅1~2 mm,如果受到刺激,也会形成枣头;枣股上的侧生主芽为潜伏状态,只有当枣股衰老时,才萌发形成分叉状或鸡爪状的枣股。简而言之,主芽可形成枣头,也可形成枣股。

1.2.1.2 副芽

副芽位于枣头一次枝与二次枝叶腋间主芽的侧上方。副芽具有早熟性,枣头中上部的副芽当年萌发形成永久性的二次枝;枣头基部的副芽可形成木质化脱落性的二次枝,少数可形成枣吊。当年生二次枝的副芽可形成脱落性的三次枝,有些能结果。枣股上的副芽一般都形成枣吊,开花结果。总之,副芽可形成永久性的二次枝、脱落性的二次枝或者三次枝以及枣吊。

1.2.2 枝的特性

1.2.2.1 **枣头**

枣头是枣树的发育枝或营养枝,可扩大树冠,形成骨干枝和结果枝组。枣头一般一年萌发一次,是构成树体骨架和结果基枝的主要枝条。枣头单轴延伸能力很强,最高可长达 12 年之久,形成没有分枝的细长大甩枝。为了增加分枝数量,幼树定植后要短截定干,对中心干和主枝、侧枝也要及时逐年短截修剪,以增多枣头数目,培养骨干枝和结果枝组,同时还可加大骨干枝的尖削度,增强树体负载能力,为丰产稳产奠定良好的基础。如果不短截修剪,任其逐年单轴延伸,尖削度小,顶端优势强,容易扰乱树形,影响整形和冠内光照,当结果量过多时,常使枝条弯曲下垂,遇到大风容易引起落花落果或者折断枝条,并且树冠枝条数量少。健壮的枣头一次枝长势适中,二次枝多而长,弯曲度大,节数多,节间较短,皮色深,具光泽,次年可萌发新生枣头和许多结实力强的枣股。衰弱的枣头生长量小,二次枝少而短,次年仅形成少量枣股。徒生性枣头粗而长,二次枝虽多但细而短,节间大,积累养分少,在生产上利用价值不大。因此,培养健壮枣头,减少衰弱枣头和徒长性枣头,是枣树整形修剪的一项主要任务。

在黄河流域,一般 4 月下旬至 5 月上旬为枣头萌发盛期,5 月上旬或中旬开始迅速生长,延续到 6 月中旬或 7 月中旬;以后则生长缓慢,以至停止,生长期为 60~90 d。

1.2.2.2 **二次枝**

二次枝由副芽形成,分两种类型:一种是由枣头基部副芽形成的二次枝,长势弱,柔软下垂,当年冬季脱落,称为“脱落性二次枝”,它具有扩大叶面积、进行光合作用的功能,营养条件良好时,也可少量结果,但不是结果的主要部位。另一种是枣头中上部副芽形成的呈“之”字形曲折延伸的永久性二次枝,这种枝木质化程度高,当年停长后顶端不形成顶芽,下年不能延伸生长,加粗生长很缓慢,随年龄增加逐渐从先端向内枯死。永久性二次枝是着生枣股的基础和主要部位,故又称结果基枝。二次枝上各节的主芽都形成枣股,但以中部各节形成的枣股结实力最强,其寿命为8~10年;当年生二次枝上各节的副芽当年萌发形成脱落性三次枝,可进行光合作用。

由于永久性二次枝先端无顶芽,其上各节主芽均形成枣股(枣股年生长量极小),副芽形成脱落性三次枝,所以其结果部位比较稳定,一般不再形成新生头。只有当营养条件发生变化或短截修剪以后,其基部枣股才可抽出新的枣头。

永久性二次枝的节数变化幅度很大,短的4节左右,长的达13节以上,其数量、长度、节数与品种、树势、抽生部位及营养条件有关。一般而言,生长健壮的枣头,二次枝数量多,单枝长、节数多、节间短、粗度大,是丰产的基础。因为长而粗壮的二次枝将来形成枣股多且质量好,能抽生更多的结果枝承担开花结果的任务。

1.2.2.3 枣股

枣股是一种短缩的结果母枝,由枣头一次枝和二次枝上的主芽逐年发育而形成。枣股年生长量很小,每年仅1~3 mm,因为其输导组织不发达,从而有利于养分积累,有利于枣吊开花结果,且结果部位比较稳定,是其早果丰产性强的重要特征之一。研究表明,3~8年生的枣股结实力强,幼龄枣股和老龄枣股的结实力弱;直立枣股的结实力优于下垂枣股;二次枝上的枣股结实力优于一次枝上的枣股。总之,健壮枣股抽生的枣吊多而长,坐果率高,结实力强,是需要大量培养的对象。

枣股上的主芽每年向前延伸很短,一般情况下不抽生枣头,只有在营养十分充足或短截二次枝及一次枝时,才会发新生枣头;枣股上的副芽每年可抽生2~8条枣吊开花结果。枣股的寿命一般10年左右,最长可达20年,但3年生以下的幼龄枣股和8年生以上的老龄枣股结实率不高,因此在生产上必须加强土肥水管理,合理修剪,及时更新复壮,才能保存适量的壮龄枣股,以达到高产稳产的栽培目的。

枣股寿命长短、健壮与否、结实力的强弱,除与营养状况有关外,还与光照有一定关系。调查发现,光照充足处的枣股生长健壮、结实力强、寿命较长,所以必须进行科学修剪,以调节枣树与光照之间的关系。

修剪后，二次枝基部枣股抽生的枣头生长健壮，可形成骨干枝或者形成大型结果枝组；二次枝中上部枣股抽生的枣头，生长瘦弱，不易形成理想的结果枝组和骨干枝。

1.2.2.4 **枣吊**

枣吊是枣树的结果枝，柔软下垂，秋末脱落，故称枣吊，属于脱落性枝条。枣吊上着生叶片，叶片是光合作用的重要器官。绝大多数枣吊由枣股上的副芽抽生而成，花量大，坐果率高，果个大，品质优；而枣头基部副芽抽生的少数枣吊或者当年生枣头二次枝抽生的枣吊(一年生枝系当年形成的结果枝)，开花少，坐果率低，个小质差。如果营养不足，气候不适或枣头生长过旺时，有些脱落性枝条不能分化花芽而成为叶枝，仅有光合功能。

枣吊细长柔软下垂，有 9~16 节，长 10~34 cm，个别枣吊长达 50 cm 以上。每个枣股着生枣吊 3~5 个，一年一次生长，从萌发到停长 35~45 d。从枣吊的第二、三叶腋起，每个叶腋着生聚伞花序，每花序有花 3~5 朵不等。肥水好的枣树枣吊长而健壮，结果多，对枣吊适时摘心可提高坐果率。枣吊具有开花结果与光合作用的双重作用，在枣树的生产过程中具有十分重要的意义。为了保证树体有合理的光合面积，必须要有数量充足、生长健壮的枣吊作保证，以取得丰产优质的效果，而理想的枣吊必须建立在必要的枣头、枣股、二次枝的基础之上。

1.3 中秋酥脆枣结果习性

1.3.1 花芽分化的特点

枣树花芽分化的特点是：当年分化，当年开花结果，分化速度快；多次分化，多次结果，边生长边分化；单花分化期短，全株分化持续期长。

枣的花芽分化随枣股和枣头的主芽萌发而开始，随着枣股的生长而陆续分化，自下而上不断分化，直到枣吊生长停止时则不再分化，也就是说，枣树花芽分化与枝叶生长同时进行。当枣吊长 2~3 mm 时，花芽已开始分化；当枣吊长 10 mm 以上时，先分化的花芽已完成形态分化,即花器的各部分已经形成。随枣吊的延伸生长,基部叶腋间的花序开花坐果时,中上部叶腋间的花序正在形成,因而在生产上常常可以看到花果同吊的现象。

枣单花分化需 6 d 左右,1 个花序分化需 6~20 d,1 个枣吊花芽分化需 1 个月左右,全树花芽分化期持续 2~3 个月之久。与别的果树比,枣树花芽分化度之快,数量之大,1 年中多次分化实属罕见,说明其花芽非常容易形成,早果丰产性极好,抵御自然灾害的能力很强,在正常条件下完全能够获得丰产优质的效果。在早期病虫为害严重或遭受不良气候影响的条件下,也能继续抽生新的枣吊再次进行花芽分化,只要加强肥水管理,当年仍能获得一定产量,因此被称为“铁杆庄稼”。

另外,枣吊边生长、边分化、边结果,造成了其物候期重叠进行,消耗营养较多,导致落花落果严重;加之单花分化期短,分化速度快,需要养分相对集中,如果养分不足,将明显影响产量。因此,必须开源节流,加强肥水,合理修剪,保证养分集中供给开花坐果,调节好营养生长与生殖生长的关系。例如:早春追肥灌水,促进枝叶生长,扩大光合面积,增加光合能力;花期树干环剥,枣头摘心,枣吊摘心,调节营养供应,都有利于花芽分化及丰产稳产。

由于枣树花芽分化容易,具有较强的早花早果性,完全可以进行矮化密植,集约化经营,实现早期丰产;或者进行现代设施栽培,实现反季节生产,提早成熟上市销售,取得显著的经济效益。群众常说“桃三杏四梨五年,小枣当年就换钱”,足以说明这个问题。

1.3.2 开花授粉

枣树花期很长,从 5 月下旬到 7 月上旬可延续 50 多天,有时可达 2~3 个月之久。其中以中期花坐果率高,同一花序的中心花果实大、质量好。同一棵树上,早开花、早坐果的果实生长期长,果个大,品质好;后期开花的果实个小质差,即头茬花、头茬果比较好。如果受气候影响,头茬果没保住,可争取二茬果,这就是枣树稳产性强的原因之一。

枣树开花授粉对温度有一定要求。其花粉发芽以 24~36 ℃为宜,温度过高或过低都对花粉发芽不利。花期空气过于干燥,湿度太低,常使柱头干枯，丧失授粉受精能力，往往出现“焦花”现象。但花期连阴雨天气又会冲刷柱头上的黏液，也不利于花粉发芽，从而影响授粉受精。枣是典型的虫媒花，花期大风、多雨都会影响蜜蜂活动，不利于授粉。如果在晴朗的天气，于开花盛期喷清水，调节树冠内部的空气湿度，或者放蜂、喷尿素增加营养，都有利于授粉受精的正常进行，能有效地提高坐果率。

枣树花量虽大，但落花落果严重，丰产园坐果率仅 1%左右，这是由于枣树生产长期粗放管理、营养不良以及低温、干旱、大风等气候条件的影响，树体本身进行自我调节的一种表现。北方枣区开花后一周大量落花，6 月下旬至 7 月上旬常出现落果高峰，此时进行环剥(开甲)或根外追肥等措施可有效提高坐果率。这也说明枣树生产大有潜力可挖。因此，花期管理是枣树栽培中的一个关键时期。

1.3.3 果实发育

枣花授粉受精后，果实开始发育，60~90 d 果实成熟。枣果发育过程中要经历 4 个时期。

(1)细胞迅速分裂期。发生在花后的 2~3 周，主要是细胞数目的增多。细胞数目的多少和树体贮藏养分有直接关系,并且是果个大小的重要因素之一。

(2)果实纵径快速生长期。需2~4周时间,主要是细胞体积的迅速扩大。此期消耗较多养分,必须加强肥水供应,否则将导致落果或者影响果实发育。

(3)果实重量剧增期。果实横径增长显著,果核逐步硬化,果实重量剧增,此期持续约4周时间。

(4)营养物质积累和转化期。果核进一步硬化,果实体积增长缓慢,主要是营养物质的积累和转化。此期果皮开始着色,含糖量增加,直至果实成熟。在果实成熟过程中,遇雨有裂果现象,应注意控制水分,多雨年份及时进行排水或者采取人工树冠遮雨措施,可减少裂果。此期按果实成熟阶段可划分为白熟期、脆熟期和完熟期3个时期。

1.4 中秋酥脆枣物候期

枣树物候期因不同地区及不同年份而略有差异。就多数而言,在我国中部地区一般于4月上中旬萌芽,5月上旬至6月上旬为初花期,6月中下旬进入盛花期,7月上中旬为终花期,花期很长。一般果实成熟期在9月中旬至10月上旬。

枣头、枣吊自4月上中旬萌芽,然后开始生长,到7月上中旬停长,落叶期在10月下旬至11月上旬,枣吊脱落期在11月上中旬,个别脱落性枝条到来年春天才脱落。由上述可见,枣树物候期有两大特点:一是萌芽晚、落叶早,比一般果树生育期短,适合间作套种,立体经营,也适合防风固沙、保护环境;二是枝叶花果物候期比较集中,重叠进行,需要大量养分供应,应该切实加强栽培管理。

第2章　中秋酥脆枣优质苗木培育

优良品种是枣树丰产栽培的前提,优质苗木是枣树生产的物质基础。然而,只有通过育苗工作,才能使良种得以繁殖推广,因此培育优质壮苗是发展枣树生产的基本工作。

随着农村产业结构的调整和人民生活水平的不断提高,以及我国对外贸易的逐年增加,国内外市场对鲜枣的需求量日益增大,国内许多地方发展枣树生产的积极性空前高涨。因为枣树具有结果早、见效快、经济效益高的特点,早已成为我国重要的经济林树种之一。为了促进我国枣树生产的健康发展,我们应当采用“自采、自育、自栽”的方针,结合当地的土、肥、水及气候条件,选用适宜本地发展的优良品种,采用先进的科学育苗技术,尽快培育出大量优质健壮的枣树苗木,为我国的枣树生产提供更多更好的枣苗。

2.1　苗圃地的选择和准备

2.1.1　选择苗圃地应考虑的因素

(1)交通条件。苗圃地应尽量设在供应苗木的中心,或选在交通方便的地方,以缩短苗木运输的距离和所需时间,减少运苗途中的损失,提高栽植成活率。

(2)水源。为保证苗木健壮生长,苗圃地应有充足的水分供给条件,如自流水灌溉或机井、水泵引水灌溉均可,防止因干旱而影响幼苗生长。在地下水位过高或雨后易积水的低洼地,应有良好的排水设施。

(3)土壤。最好选用肥沃的沙质壤土。因为沙壤土通气性良好,保水保肥力较强,有利于土壤微生物活动,肥料分解转化快,土壤不易板结,砧木幼苗出土容易,苗木根系发育良好。如果是黏壤土,要掺沙进行改良后再育苗木。另外,要求土壤中没有危险性病虫害。

2.1.2 育苗前的准备工作

2.1.2.1 整地

坡地要事先做好平整土地工作,以利今后浇水,保证苗木正常生长。黏土地、沙土地以及盐碱地要先进行土壤改良,方可育苗。

2.1.2.2 施肥

要增施有机肥,如圈肥、厩肥、堆肥、人粪尿等腐熟的有机肥料,每亩施 15~25 t,增加土壤有机质含量,提高土壤肥力水平。

2.1.2.3 深耕

结合施肥,普遍深耕 30 cm 左右,改善土壤物理化学性质,为培育优质壮苗创造条件。耕后及时耙耱保墒,以免土壤板结成块。

2.1.2.4 做畦

在深耕耙平的苗圃地,打埂做畦。一般畦宽 1.0~1.2 m,埂宽 0.2~0.3 m、埂高 15 cm 左右,畦长 10~12 m。

鸡粪

2.2 常用分株育苗方法和技术

2.2.1 分株育苗

枣树的水平根上易萌发根蘖,另外,枣根受伤时,愈伤组织常分化不定芽而萌发根蘖。根蘖全是由母株的营养体形成的,故长成新的植株能保持母树原有的优良性状。这种分株繁殖方法比较简单,就地起苗,就地栽植,成活率高,但育苗数量有限,不适于大面积发展。常见的分株育苗法有两种:

(1)全园育苗。在早春土壤解冻后,全园浅刨一遍,深 15~20 cm,切断表土中的细根,刺激土壤浅层水平根产生不定芽,萌发根蘖,经过精心管理,第二年秋季落叶后即可出圃。注意浅刨时,不可伤害直径 2 cm 以上的粗根,以免影响母树结果。

(2)开沟育苗。选好优良单株,在春季发芽前,于树冠外围下挖深 40~50 cm、宽 30~40 cm 的沟,切断 2 cm 以下的细根,并用利刀削平伤口,然后铺垫湿土,盖住断根。夏季根蘖苗高 20~30 cm 时,间苗施肥促长,干旱时浇水使沟中保湿,第二年秋季苗高 1 m 左右,即可出圃。

2.2.2 根蘖归圃育苗

根蘖归圃育苗也称为二级育苗,将从枣园刨出的根蘖苗,按质量分级栽植于苗圃地,加强管理促进生长,抚育一年后出圃。这种方法提高了苗木质量,苗木栽植成活率高,缓苗期短。具体方法是:先选好优良品种的健壮无病虫害植株,发芽前用开沟育苗法断根,正常管理根蘖苗一年,第二年春季刨苗归圃集中培育。移栽前,用 ABT1 号生根粉配制成浓度为 50 mg/kg 的溶液,浸根 1.0~1.5 h,然后栽入施足底肥的苗圃地中,株行距 20 cm×80 cm,每亩栽植 4 000 多株,栽后立即浇水。生长期加强中耕除草、追肥灌水等管理,秋季落叶后出圃。为了提高繁殖系数,也可收麦后利用树下自然萌发的根蘖苗归圃培育。因夏季气温较高,要注意及时去掉叶片或进行遮阴,减少蒸发,经常浇水,保持湿润,缩短缓苗期;冬前灌足一次冻水,第二年春季加强追肥浇水,促苗健壮生长。根蘖归圃育苗法,节约土地,有利枣粮间作,可以迅速培养大量健壮优质苗木,是近年来枣树育苗上应用较多的一种实用技术措施,值得推广。

2.3 嫁接育苗方法和技术

嫁接育苗具有生长快、结果早、果实大、品质好、抗逆性强等优点,能在短期内把优质苗木繁殖应用到生产上,又便于利用野生酸枣资源,且苗木根系发达,适应性强,是值得提倡的一种比较先进的枣树育苗方法。

2.3.1 砧木培育

砧木可利用枣树根蘖苗,为增强抗性和适应性,最好用酸枣核或枣核播种的实生苗。用实生苗作砧木,应在秋季枣果成熟季节,采集具种仁的酸枣种子或枣果种子,土壤封冻前播种,让种子在田间自然后熟;或者12月用5倍湿沙层积处理80 d左右,来年春天播种。行距50~60 cm,沟深3 cm、宽4 cm。在条播沟内5~6 cm播一粒种子,覆土2~3 cm厚,每亩播种量6~8 kg。播后,覆盖地膜保墒增温,以利幼苗提早出土。当幼苗出现3~4片真叶时,按株距15 cm左右间苗,每亩留苗6 000株。齐苗后追第一次化肥,亩施5~8 kg;抽生分枝时追第二次肥,亩施10~15 kg;苗高30 cm左右时,进行抹芽、摘心,促进苗木加粗生长,以利秋季嫁接。用根蘖苗作砧木时,应于春季发芽前归圃,株行距15 cm×60 cm,亩栽7 000~8 000株,加强中耕、浇水、治虫等工作。秋季芽接或来年春季枝接。

2.3.2 接穗采集与处理

枝接的接穗一般采用1~2年生的枣头和3~4年生的二次枝;5月芽接时,用一年生枣头一次枝上的主芽作接穗;6月以后芽接,可用当年生枣头的一次枝上的饱满主芽作接穗。

选择品种纯正、生长健壮、无病虫害的成龄结果母株，采集组织充实、芽体饱满的一年生发育枝，取其中上部作接穗。枝接接穗在休眠期采集，搞好沙藏，以 6 ℃为宜，注意防冻、防霉、防提早发芽。芽接接穗随采随用，采后立即剪去二次枝和叶片，基部浸入水中保鲜防萎蔫。

枝接接穗的采集可结合枣树冬剪，把一年生嫁接苗在距地面 50~70 cm 处剪下，并将留在整形带内的二次枝全部剪下，也可采用多年生枣树上当年萌发的新枝(枣头)剪下收集，以作剪截接穗之用。接穗的剪截方法是：把收集到的粗度在 0.5~0.8 cm 的一年生枝或二次枝在芽上 0.3~0.5 cm 处剪下，枣头一节(一芽)一截，二次枝两芽(2 个枣股)一截，并在芽下 2~3 cm 处剪断，剪口要平滑整齐。将剪好的接穗按粗细分级存放，准备蜡封。一般应当在采集当天蜡封，以免失水。

蜡封接穗的方法是：首先进行原料准备。按每万枝接穗购买白色矿蜡 2.5 kg、猪油 0.25 kg，并准备少量松香或松节油。然后进行封蜡的配制和蘸蜡。将矿蜡和炼好的猪油按 1:0.1 的比例放入容器(铝锅、铁锅或茶缸均可)内，并加入松香或松节油少许。将容器放在火炉上加热至蜡油全部熔化即可蘸蜡。一手拿一根接穗直接在熔蜡内蘸一下，然后倒过来再蘸一下，每次蘸蜡到出蜡时间不得超过 1 s，蘸好的接穗用指甲将剪口处的蜡膜剥下检查，若木质部有蜡质渗入，即为熔蜡温度合适，可继续蘸蜡。应注意的是速度一定要快，因熔化的蜡液温度高达 100 ℃，慢了可烧坏芽眼，成为无效接穗。然后，将蜡封好的接穗每 100 根装入小塑料袋，也可以每 50 根或 100 根捆绑成一捆，装入编织袋内，放在冷凉处保存，以备嫁接。

蜡封接穗的注意事项：一是接穗上的刺必须剪掉，以免蜡封好后刺脱落，造成蜡膜缺口而失水；二是矿蜡一定要充分熔化，使蜡膜薄而匀，以免蜡膜过厚而脱落失水；三是采集的接穗应及时蜡封，以免因时间长而失水，降低接穗质量。

2.3.3 嫁接方法

2.3.3.1 劈接

嫁接最适宜时期为萌芽前 15~20 d，因此时砧木树液开始流动，接穗尚未离皮,嫁接成活率高,接后幼苗生长快,当年可开花结果。接穗宜选1~2年生枣头或3~4年生的二次枝,两面削好后,上面留1~2芽即可。砧木以生长粗壮、直径1.5 cm以上的大砧为好。具体操作步骤如下:

第一步,清除砧木附近的杂草与萌蘖,在砧木近地面处选一平滑部位,剪去上部枝干,削平切口,然后从中间或靠近边缘1 cm处向下劈裂,长4~5 cm。

第二步,在接穗下端削成两面等长楔形,削面长3~4 cm,做到平直光滑,上端留1~2个主芽或枣股剪截,剪口要平,距芽1 cm左右,接穗长5~10 cm。

第三步,撬开砧木切口,插入接穗,使接穗削面的皮层内缘和砧木劈口皮层内缘对齐,使砧穗形成层密接,接穗上面稍露一点切面在劈口上面(露白),粗大的砧木可插2个接穗,或劈两刀插4个接穗,有利于伤口愈合。注意:在北方干燥地区,为提高成活率,砧木嫁接部位可选在地面以下,以利培土保湿。

第四步,用塑料薄膜条子包扎紧,多缠几圈,使砧穗紧密结合,外面套塑料袋或覆盖2~4 cm湿土,防止水分蒸发,保持湿润,创造有利于伤口愈合的环境条件。

2.3.3.2 改良劈接

利用修枝剪嫁接枣树的改良劈接,操作方法分五步:

第一步,对修枝剪的要求。由于削接穗、劈砧木均用修枝剪,因此修枝剪的质量对嫁接速度和成活率有重要影响。一般要求修枝剪开刃好、锋利,且刀口不变形、不开叉。手持剪刀的方法是:刃口朝向四指,拇指放在刃背一侧。

第二步,削接穗。第一剪,以左手持接穗芽端,芽点朝下,接穗下端朝外,在距芽点5~6 cm处,将剪口平面与接穗上端呈30°~45°夹角向下剪成一斜面。第二剪,芽点朝外,拇指与中指捏住芽两侧,食指伸开,支撑住接穗下端。然后张开剪口,以剪口窄边卡在第一个切面与食指指端之间,再以刃边贴住接穗削成长3~4 cm的斜面。第三剪,芽点朝里,继续固定接穗,食指稍屈回,以不接触已削成的斜面为限。再以剪刀窄边卡在第二个削面前端,然后刀刃贴紧接穗,靠剪口窄边的支力和右手向前的削力共同作用,剪削成第三个斜面,同时第一个斜面已被剪去。这时,接穗下端已形成一个楔体,楔体靠芽一面长而宽,背面则短而窄。第四剪,在楔体前端边缘不平或不齐时应进行修整,以避免不易插穗和砧穗接触不良。具体做法是:芽点朝外,按第三剪方法固定接穗,剪口平面垂直芽的侧面,并与接穗成 30°~45°夹角,沿边缘剪齐即可。

第三步,剪砧木。第一剪,嫁接前先将砧木平茬。嫁接时选根颈处的平直部位,将剪刀斜朝下 30°~45°剪砧,使砧木断面成一斜面。第二剪,在断面高的一侧边缘上,剪口平面与垂直方向成一夹角剪下,夹角大小因砧木粗度而异,一般为 20°~30°,切口面斜向下方,剪至砧木的 1/2~2/3 粗度处即可,切面长 3 cm 左右。

第四步,插接穗。插穗时,芽面一侧与砧木劈口光滑的一侧靠紧,使二者形成层对齐,慢慢插至接穗略露白即可。当砧穗粗细不同时,以一侧形成层对齐为准。

第五步,绑带。将已剪好的长 10 cm、宽 3 cm 的塑料薄膜条(弹性好,厚度 0.14 mm)自下而上包严绑紧。不能留有缝隙,以免接口失水或进水,同时可减少接口处砧木萌生。

2.3.3.3 **皮下接**

皮下接又称插皮接,砧粗 1~3 cm 均可利用,从 5 月上旬至 9 月上旬,只要砧木能离皮均可嫁接,成活率高达 90%以上,是枣树嫁接的主要方法。

第一步,1~4 年生枣头的一次枝或二次枝均可作接穗,其中以 2~3 年生枝为好。接穗下端削成 3~4 cm 长的大斜面,背部两侧各削一刀成小斜面,下端削尖,便于插入砧木,接穗顶端留 2 个芽,在芽上 1.5 cm 处剪平。

第二步,在距地面 4~6 cm 处剪断砧木,削平剪口,在比较光滑的一侧纵切一刀,至木质部,再用刀尖将皮层向两边撬起,使之与木质部分开。

第三步,将接穗大削面对准木质部,轻轻插入砧木皮层内,接穗削面上部留白 0.1 cm,以利砧穗愈合,注意砧木粗的可插 2 个接穗。

第四步,用麻皮或塑料薄膜条绑紧,外套塑料袋,具有保湿增温效果,成活率较高。接穗发芽后及时划破塑料袋,使接芽良好生长。

对生长在斜坡、陡坡上的砧木或酸枣砧,可把地上部分剪掉,在根颈处刨出主根,选光滑部位进行皮下接,绑扎后再埋以湿土。

此外,也可进行单芽插皮接。从砧木开始离皮的 5—9 月,天天都可以嫁接。砧木选用树龄在 5 年生以下、直径约 1.5 cm 的酸枣树;接穗以已木质化的无病虫的发育枝为宜。

2.3.3.4 腹接

腹接是枝接的一种,多使用于比较粗一点的砧木,在酸枣育苗嫁接中常用此方法。嫁接时,先剪断砧木,砧木断面一般剪成斜面,在斜面高的一侧向下斜剪,剪口深达木质部,横深不能超过砧木接口处的 1/3,以免影响主干发育或导致风折。接穗的削法基本同劈接,不同之处就是腹接接穗的削面,一面稍长,一面稍短;嫁接时,长削面向里,短削面朝外;其他与劈接方法相同。

生产上还有小苗腹接法,当砧木直径在 0.5~1.5 cm 范围内,也可用腹接法嫁接。嫁接时先将接穗下端削成 5 cm 的大斜面,再于斜面背后下端削成 2 cm 长的小斜面。砧口的切法在砧苗离地面 7~8 cm 处入刀,向下斜切 1 个 6 cm 长的接口,将接穗的大面向外插入接口,并使二者的形成层相互吻合,对接好,然后剪去接口以上的砧木苗,用 2.0~2.5 cm 宽的塑料薄膜条将接口绑紧封严。

2.3.3.5 T 形芽接(带木质芽接)

5 月中旬至 8 月下旬均可进行,以 7 月最好,因为此时发育枝叶腋中的主芽已发育完好。春季接是用去年生枣头的主芽作接芽,而夏秋接可用当年生枣头的主芽作接芽。

第一步,接芽取当年生发育枝的主芽,先在芽上 0.5 cm 处横切一刀,再从芽下 1 cm 处向上斜削,削成一个上平下尖、带有木质部的盾形芽片。

第二步,在距地面 5 cm 处砧木上用一横一点法割一个 T 形切口,将交叉处皮层轻轻撬起,向两边剥开。

第三步，插入芽片，使芽片上端切口与砧木横切口对齐密接。

第四步，用塑料薄膜条绑扎多圈，使砧穗紧密结合，将芽露出即可。嫁接早的当年可萌发，晚的则次年萌发。

枣树枝条木质坚硬，含水量少，接口愈合慢，嫁接成活率往往很低。近年通过试验证明：用3号ABT生根粉处理接穗，可明显提高嫁接成活率。具体方法是：采用皮下接时，把削好的接穗削面浸入200 mg/kg的药液处理5 s；采用带木质部盾状芽接时，用50 mg/kg生根粉处理，然后快速将接穗插入砧木切口中，用塑料条包扎。此法操作简便，适于在生产中应用推广。

2.3.3.6 嫩枝嫁接

嫩枝嫁接是利用未木质化的发育枝做接穗的嫁接方法。一般在5月底至7月初进行。砧木要求生长健壮，粗度在1 cm以上；接穗选用当年粗壮的未木质化的发育枝，剪去上面的枣吊和叶片，并注意保湿。嫁接时砧木选迎风光滑的一面切T形接口，横口长1 cm，纵口长2 cm，深达木质部。接穗先在主芽上0.3 cm剪去上部，同时剪去二次枝，再从剪口下1.5 cm处，顺芽侧方向自下而上斜削一刀，削下一个带有嫩芽的单斜面枝块（带木质部芽片），上端厚3~4 mm，然后拨开砧木T形接口，将枝块插入，使砧穗双方横切口密接，用塑料条绑紧，主芽要露在外边，最后于接口以上15~20 cm处剪留砧桩，半个月后接芽即可萌发。

2.3.3.7 嫩枝芽接

河北省涞水县采用枣树嫩枝芽接技术，成活率高，成苗快，嫁接持续时间长，接穗随采随用，方便易行；缺点是接穗不能远途运输及长期保存。现将其技术要点介绍如下：嫁接时间，从5月下旬至7月中旬接穗处于半木质化时，均可进行嫁接。5月下旬，当枣头长到20~50 cm时，选用枣头中上部带主芽的半木质化部分作接穗，取下枣头立即去掉叶片和二次枝（二次枝留2 cm桩），下部浸在水盆中，放置在背阴处或窖内，保存时间不能超过4~5 d。选好接穗后将主芽上方1 cm处和芽子下方2 cm处分别剪断，然后用芽接刀一劈两半，有芽的那一半约占1/2或1/3，使上厚下薄，劈面要平滑，接穗削好后立即含在嘴里，准备嫁接。砧木选用当年根蘖苗或1~3 cm粗的多年生生长健壮、树皮光滑、无枣疯病的酸枣苗。首先清理干净砧木周围的杂树和杂草。嫁接部位以越接近根部越好,成活以后生长量大,生长健壮。但还要根据砧木的粗度来定,1~3 cm粗的多年生酸枣苗选嫁接口分别以基部、中部和主干的分枝上为宜,接口要切成T形,横切口不超过1 cm,竖切口长2 cm左右,以切断嫩皮不伤木质部为度。将砧木T形纵刀口剥开,快速取出芽片,从上向下插入切口内,接穗的竖断面要紧贴木质部,上部断面要与T形接口横切面紧密对齐,然后用塑料薄膜条绑紧,以防透气漏雨。应注意主芽及二次枝短桩露在外面,以利成活,然后从接芽以上10 cm处剪砧,待成活后再从接芽1 cm处剪砧。

2.3.3.8 **冬季室内嫁接育苗技术**

嫁接时期在枣树休眠季节,即每年的1月初至2月底。掘取地径在0.5 cm以上的酸枣苗作砧木,剪留枝干15~20 cm,剪留根系长度20 cm左右。直接从生长健壮的结果母树上采集当年生无病虫害的枣头枝,进行单芽劈接,注意形成层对齐。用长20 cm、宽2.5 cm的聚乙烯塑料薄膜,将嫁接部位捆扎严密。每嫁接1株,嫁接刀都要在酒精灯上烧一下,以杀菌消毒。为提高工效,嫁接时可一人专削接穗和砧木,一人专包薄膜。用95~105 ℃工业石蜡将接穗和嫁接部位进行全蜡封保湿,蘸蜡时间不超过1 s。蜡封后将嫁接植株存放于日光温室内。首先在日光温室内做宽为80 cm的畦,向下起土30 cm。把全部嫁接好的苗木每10株为一捆整齐摆放于畦中,嫁接口以下用新鲜的河沙埋住。沙的湿度以手握成团、手松即散为宜。由于温室内地温高,可促使嫁接部位愈合,有利于提高嫁接成活率。

清明前后,接穗芽眼膨大,顶破石蜡保护层时即可移植到苗圃。苗圃地应选疏松透气、富含有机质的地块。株行距以20 cm×25 cm为宜。栽植时要细心,此时接穗与砧木间已形成愈合组织,用力过大会使砧木与接穗松动,降低嫁接成活率。定植后,用宽为70 cm的塑料薄膜进行覆盖。嫁接苗处的塑料薄膜要挑开,挑膜时,用刀尖轻轻挑破接穗处薄膜,勿触动接穗。挑膜后,及时用土压薄膜并进行灌溉。直接建园时可把嫁接苗木定植于大田中。定植后将树盘用1 m^2 塑料薄膜进行覆盖,起到保湿增温的作用,以提高栽植成活率。栽后及时除萌,待苗高 30 cm 时,立支棍绑缚,防风吹折。苗高 40 cm 时,对接口进行解绑,避免在愈伤组织的形成过程中发生缢痕,影响愈合。当苗高达到 100 cm 时进行摘心,促使苗木加粗生长。同时,加强肥水管理及病虫害防治工作。6 月、7 月各追肥 1 次。苗圃地每次每亩施尿素 10 kg 左右,结合施肥进行灌水。枣树幼苗虫害多为枣瘿蚊、枣黏虫,可喷洒 50%辛硫磷 300 倍液或 50%氯氰菊酯 1 000 倍液或 80%敌敌畏乳剂 800 倍溶液。病害多为枣锈病和枣叶斑点病等,可选用 1∶2∶200 波尔多液或甲基托布津 800 倍液等药剂进行防治。生长后期结合病虫害防治,宜选用 0.3%的磷酸二氢钾进行叶面追肥 3~4 次。

2.3.4　嫁接后的管理

2.3.4.1　检查成活情况

芽接一般在接后 7~10 d 检查,如果芽片光亮、鲜嫩,说明已经成活;反之,如果芽片皱缩变黑,则没有接活。枝接一般在接后 15 d 左右检查,如果接穗芽体饱满,皮色鲜亮,说明成活;如果接穗皱皮,芽体枯萎,说明没有成活。无论枝接还是芽接,当发现没有成活,都要立即进行补接。

2.3.4.2　及时解除绑扎物

一般芽接成活后 15 d 左右松绑,劈接和皮下枝接一般在芽萌发 15~20 cm 长时松绑。过早,影响砧穗愈合;过晚,影响新梢生长,因此需要适时进行解绑。

2.3.4.3　适时剪砧

6 月以前芽接苗,成活后即可剪砧,接芽萌发后的新梢当年生长时间较长,秋后枝条能充分成熟,当年可达出圃标准。而 6 月以后的芽接苗,最好到下年春季萌芽前剪砧,如果接后当年剪砧,往往因枝条不能充分成熟而遭冻害。

2.3.4.4　抹芽摘心立支柱

为保证嫁接苗健壮生长,提前出圃,必须随时抹掉砧木接口下的萌芽,以集中养分,供接芽生长。当苗木高达 80~100 cm 时,需要摘心,促使苗木加粗生长,以利培育壮苗。枝接苗一般生长较快,为防止大风折断嫩梢,应在新梢长至 20~30 cm 时,设立支柱进行保护。

2.3.4.5 **追肥浇水防病虫**

生长前期,追施速效氮肥 1~2 次,间隔 15~20 d,促进新梢快长;生长后期适当增施磷钾肥,促进枝条充分成熟。追肥后立即灌水,过 1~2 d 及时中耕除草。同时,注意防治枣黏虫、枣步曲、枣瘿蚊、红蜘蛛等害虫,保证苗木健康生长,达到培育优质壮苗的目的。

2.4 扦插育苗技术

扦插繁殖一般可分为根插和枝插两种。根插出苗率较高,但取根较困难。根插育苗方法是:选取径粗 1~2 cm 的小根,截成 10~12 cm 长的根段,扦插在圃地内即可成活。枝插在生长季的时期是 6 月至 8 月上旬,取根蘖苗当年新梢作插条,用吲哚丁酸 500 mg/kg 浓度溶液处理,在塑料大棚间歇弥雾条件下生根率达 90%。生根苗木移植露地苗圃后,要遮阴半个月,但不能长期遮阴,因为长期遮阴会造成光照不足,苗弱,不易越冬。越冬前,应灌足冻水,苗基部要培土。移植苗当年生长量甚少,第二年苗高平均可达 50 cm,根系健壮,发育良好,若按常规管理,两年即可出圃。

用特制的嫩枝生根剂处理后,进行枣树扦插繁殖,已取得了较好的效果。取半木质化新梢,用 500~5 000 mg/L 吲哚丁酸处理 5~10 s,然后插于塑料大棚的沙床中,保持室温 20~30 ℃,相对湿度 90%以上,使插穗叶片保持一层水膜,生根成活率可达 80%~90%。绿枝扦插的成活生根与激素浓度及扦插时间等密切相关,生产上应用前应先做小型试验。

2.4.1 全光照间歇弥雾绿枝扦插

枣树全光照间歇弥雾绿枝扦插育苗技术。

(1)插床建立,露地全光照条件下,用砖成宽 1.2~1.5 m 插床,长度视规模大小而定,插床上架设装有弥雾喷头的水管。

（2）基质下层铺大石子或卵石 30 cm 厚，上层铺粗河沙 20～30 cm。

（3）插穗准备。7 月采集未木质化枣头枝与二次枝。采穗时间最好在早上 8 时，若需长距离运输，采后立即放入清水中浸泡一下，再装进遮阴的塑料袋内，运回后立即剪成 15～20 cm 的小段，保留上部叶片，去掉下部 3～5 cm 段嫩叶，按 50 枝一捆放入 50%多菌灵 800 倍液中浸泡 5 min，然后分别用 300 mg/kg 的 D 型生根粉及 300 mg/kg 的 C 型生根剂速蘸插穗基部 10 s，取出后按 2 cm×3 cm 株行距扦插，深度 2～3 cm。

（4）插后管理。插后立即启动全光照间歇弥雾装置，生根前喷雾间隔时间要短，生根前间隔 3 min 喷一次，每次喷 3 s，以保持叶面有一层水膜为限；生根后，白天 20～30 min 喷一次，夜间 1～2 h 喷一次。移栽前 6 d 开始延长喷雾时间，一般 40～60 min 一次。插后 15 d 左右进行一次叶面追肥（0.2%尿素液），插后每周喷一次 50%多菌灵 1 000 倍液。采用该技术可使枣的生根率达 93%以上，插后 9～10 d 产生愈伤组织，15 d 开始生根。

2.4.2 塑料薄膜小拱棚嫩枝扦插

插床选地势平坦，光照充足，利于排水的地块。插床畦宽一般 1.5～2.0 m，长度一般不超过 10 m，畦与畦之间挖 25 cm 见方的排水沟，插床以沙壤土为宜，如土壤较黏，可掺入适量的细沙，床面与地面平或稍低于地面。然后在插床上搭建遮阴棚，以混凝土桩或竹木桩作立柱，棚高 2 m 左右，棚的西南面和顶部用苇帘或遮阳网遮盖，防止阳光直接照射，降低棚内温度，透光率一般掌握在 20%～30%。扦插前，先将畦内土壤深翻 25 cm，用 0.3%高锰酸钾水溶液进行消毒，扦插时间以 6—7 月为宜。在阴天或晴天 8 时前采条，上午 9 时前或下午 5 时后，进行打孔扦插，深度 3～4 cm，每平方米插 200～300 根。插完一畦后立即向插条上喷洒 800 倍 50%多菌灵，并在畦上覆塑料薄膜，拱棚高 60 cm，棚的两端和一侧用土压实，另一侧用砖压实。棚内地温以 25 ℃左右为宜，气温保持在 28～32 ℃，相对湿度 80%～90%，短时最高温度不应超过 38 ℃，如果温度过高，可向棚内喷水 1 次；扣棚后每隔 5～7 d

喷800倍50%多菌灵1次,防止叶片和插条感染病菌。扦插1个月后,大部分插条已经生根,此时即可全部去掉拱棚,这时应继续喷水,以保持土壤湿度,撤棚后逐步去掉苇帘或遮阳网,使小苗完全适应外部环境。

2.5 苗木快速繁殖及脱毒技术

组织培养育苗是枣树苗木快速繁殖及脱毒的一种新技术。其育苗具体程序为:在生长季节采集幼嫩新梢,经消毒灭菌后截成长1 cm的单芽茎段,接种于改良MS培养基上,经15~25 d即可长出米粒状的白色愈伤组织,继而生根,生根率可达40%。在含有吲哚乙酸0.5 mg/kg+萘乙酸0.2 mg/kg和吲哚乙酸0.2 mg/kg的培养基中,试管苗生长速度较快,试管苗长到5 cm以上时,剪成1 cm长的单芽茎段进行继代培养,经10~15 d又可产生愈伤组织并生根,同时叶腋内侧芽萌动,茎叶开始生长,60 d后可发叶11~15片。试管苗生根后,经过开口锻炼数天,便可移入苗床,经常喷雾保持湿度。

2.5.1 技术内容

采取良种枣树的根蘖枝条,经过一段时间的热处理,取其枝条上的芽,进行组培;或者先取其根蘖枝条上的茎尖分生组织,进行组培后,将接种的茎尖经过启动、分化后,在人工气候箱中再经过适当时间38 ℃热处理,都可以达到脱除枣疯病类菌原体的效果。采用组织化学方法检测脱除枣疯病病原效果:取脱毒后的枣苗茎段,做徒手切片,经荧光染料染色后,在荧光显微镜下观察、照相,韧皮部细胞无荧光反应,说明其不含枣疯病的病原类菌原体;相反,则说明含有枣疯病病原。

枣树组织培养快速繁殖技术,是采用枣树优良品种经过消毒处理,或采用通过检测不含有枣疯病病原的茎尖或茎段作为外植体,经过脱毒处理后,在无菌环境条件下,接种到经高温高压消毒过的启动培养基上。经30 d左右,当外植体建立后转入分化培养基上,再经过30多天,取2~3 cm的芽转入生根培养基上,约30 d即可完成生根过程,最后经过炼苗，就可以栽到营养钵中，待苗木长到约 20 cm 时移入苗圃地。

为了降低成本，可将枣树无毒苗建立采穗圃，进行绿枝扦插育苗。可在全光喷雾扦插池内或有微喷设备的塑料大棚内进行，剪取插条一般 15~20 cm 长，插条基部要经过高浓度生根剂速蘸处理，扦插基质采用粗沙或炉渣混合使用，扦插池上要保持高湿度，但池内基质湿度不能过高，剪好的插条及扦插池要事先进行消毒处理。

2.5.2　技术关键点

（1）选取枣树优良品种的根蘖上的茎尖或茎段，作为组织培养的外植体，一定要是幼嫩材料。

（2）要选取最佳的启动、分化、继代和生根培养基，特别要注意根据试管苗生长发育的不同情况，调整激素配比。

（3）全部组织培养过程要求在无菌条件下进行，防止污染。

2.5.3　设备条件

组培工厂要分设洗涤室、灭菌室、配药室、无菌接种室、培养室、仓库及办公室。培养室要求密闭好、恒温。枣树最适培养温度为 27~30 ℃，人工光照强度为 3 000 lx 左右，每天 12 h 左右。所需主要设备有超净工作台、电子天平、药物天平、冰箱、空调、pH 酸度计、小型人工气候箱、蒸馏水器、解剖刀、镊子、各种玻璃器皿、营养钵和苗盘，还要有相应的配套温室和塑料大棚。

2.6　苗木出圃

2.6.1　起苗

秋季枣树落叶后至土壤封冻前，以及春季解冻后至萌芽前均可起苗。土壤干旱时，应在起苗前 2~3 d 浇一次水，以利起苗。起苗时，尽可能多带须根，少伤粗根。起苗后，用修枝剪将根系伤口剪平，以利愈合。为便于包装运输,应在二次枝基部留 1~2 芽后,将其剪掉。

2.6.2 分级

一级苗的标准是:主干高 100 cm 以上,根颈粗 1.5 cm 以上,20 cm 长以上的侧根达 25 条以上;二级苗的标准是:干高 80 cm 以上,根颈粗 1 cm 以上,15 cm 长以上的侧根达 20 条以上;三级苗的标准是:干高 40 cm 以上,根颈粗 0.8 cm,长 10 cm 以上的侧根达 15 条以上。

2.6.3 包装运输

外运时,把枣苗分好级后,按品种和级别挂牌,每 50~100 株为一捆,用湿麻袋或湿草袋包裹捆扎,立即装车外运。若长途运输,装车后,应用湿草袋、塑料布等加盖 2~3 层,途中视情况适当洒水,减少蒸发,并注意通气散热。

2.6.4 假植

苗木运到后,如果不计划马上栽植,则应选背风、排水良好的地方进行假植。一般挖 30~35 cm 深、40 cm 宽的沟,在沟内浇水,增加湿度,水渗完后,将苗木按品种逐株倾斜放入沟内,根部用湿土埋实,埋土达干高 1/3~1/2 处,再浇足水。

2.6.5 覆土检查

冬季随气温下降,在寒冷地区要分期覆土防冻;春季及时检查防霉烂,预防栽前提早发芽。

第3章 中秋酥脆枣生命周期中各阶段的管理技术

枣树从栽植到结果、衰老、死亡,一生中可分为以下不同年龄时期:幼树生长期、生长结果期、盛果期、结果更新期、衰老期。正确地认识枣树生长和发育过程中不同年龄时期的特点,及其对栽培技术的特殊要求,对于取得枣树早果、丰产、优质、高效具有十分重要的意义。

3.1 幼树生长期的管理技术

枣树栽植以后的最初几年间,生长强旺,枝叶量较少,根系尚不发达。在自然生长条件下,地上部最明显的特点是:主干连年单轴延伸,分枝数不多,有时也能开少量花,但结果极少,形不成经济产量,整个树体以营养生长占优势。

此期的栽培管理任务有二:一方面通过整形修剪,促使尽快萌发大量枣头,扩大树冠,迅速增加叶面积,提高光合能力,为提早结果和丰产奠定基础;另一方面,加强树下深翻改土,增施有机肥料,改善土壤理化性质,增加土壤团粒结构,提高抗旱蓄水能力和土壤肥力水平,并进行合理浇水、耕糖保墒等管理,促进根系下扎与向水平方向发展,以便充分吸收水肥,保证树体生长发育的需要。另外,要种好绿肥作物,合理间作,广辟肥源,增加土壤有机质含量,有效利用土地和光能,扩大经济收入,做到以短养长,促进树体生长发育。幼龄枣树早期丰产配套技术如下。

3.1.1 选择良种壮苗

枣树在所有木本果树中开始结果年龄最早。一般生长势中庸,萌芽力强,抽生枣头新梢多而粗短,枣股多、枣吊多,树冠开张,分枝角度较大的植株容易形成花芽,经济结果期较早,反之则结果期较迟。

苗木是枣树生产的基础材料,枣树建园之前要培育优质苗木,定植时要选择生长健壮的枣苗,其苗高一般在 80~100 cm,地径粗 0.8 cm 以上,定干部位有比较粗壮的二次枝,有 3~4 条侧根,长度不少于 20 cm。

3.1.2 确定适宜栽植密度

合理密植的枣园枝叶量增加快,树冠无效容积小,光能利用率高,为营养物质的制造、积累创造了条件,早期能形成足够数量的结果基枝,能大大提高早期单位面积产量。但密度过大,很快就会因光照条件恶化而出现早衰,管理不好 7~8 年生时就显得十分郁闭,产量急剧下降。所以,应根据品种、立地条件和管理水平,确定合理的密度。

从枣树密植丰产的典型看,每公顷栽几百株到数千株,既能早期丰产,又能较长时间维持高产水平。从目前我国绝大多数枣区生产力水平来看,枣树早期丰产园栽植密度一般为每公顷 1 500 株左右比较合适。

3.1.3 改土建园

枣树只有在土壤疏松、有机质含量高、理化性质适宜的条件下,枣树根系才生长快,分布广,有利于吸收土壤中的养分,促进地上部树体生长多发枣头,增加叶面积,光合作用强,有机营养物质积累多,能协调生长和结果的矛盾,促进早结果。

枣树定植前要重视整地工作。沙地掺加 1/3~1/2 的黏土,打破沙层下的胶泥层,增强土壤保水性和通透性;黏土地掺沙提高土壤透气性;盐碱地可通过排水洗盐、施有机肥或种植绿肥加以改良。栽植前挖大穴施足基肥,提倡抽槽整地或全面深翻整地。栽后覆地膜,增温保湿,可有效提高成活率。园地间作绿肥时,要结合扩穴深翻改良土壤,抽槽整地的枣园,要不断扩槽压青,以利扩展根系生长范围。

3.1.4 巧施肥水

幼龄枣树前期要勤施肥水,加大氮肥的施用量,保持必要的土壤湿度,才能旺盛地进行营养生长,促发强健而发达的水平根群和足够的分枝及叶片,使树冠尽快达到一定大小,为早实高产创造条件。

幼龄枣树营养生长后期,应减少氮肥施用量,增施磷钾肥,同时应适当控制灌水,使幼树由旺盛的营养生长转入以开花结果为主的生殖生长阶段。

3.1.5 合理修剪

枣树修剪时不要过于强调树形,要做到因树整形,随枝修剪。幼树宜轻剪,切忌重剪,以免引起枝梢旺长。对骨干枝的延长枝要适当轻剪,保留长度 40~50 cm,长枝缓放,生长季拉平,疏除竞争枝与徒长枝,对有空间生长的直立枝可用弯、拐、别、压、拿等方法控制生长。抹芽摘心,能集中营养,使之生长更多、更好、位置恰当的二次枝梢,避免一般疏枝短截修剪所造成的枝叶损失,加快树冠的形成。采用拉枝、吊枝等方法开张枝梢角度,能缓和树势,促进结果。结果 7~8 年后,及时回缩更新复壮。对强旺树,还可采用断根或主侧枝环割或环剥(开甲),达到缓和树势,促进成花结果的目的。枣树早期多留辅养枝,适时环割、环剥,必要时也可对骨干枝环剥,促进花芽形成,保花保果,实现早期丰产。

3.1.6 应用植物生长调节剂

为了加快幼龄枣树营养生长,除适宜的土壤和肥水条件外,还可用抽枝宝、发枝素或点枝灵 100 mg/kg 点涂枣树 1 年生或当年生主芽,既可明显促进芽的萌发,增加枣头数量和分枝级次,也可定位发枝,按照要求控制树形和树冠形成,有时还能促进花芽分化。此外,在生长季节喷施多效唑、矮壮素和乙烯利等,可抑制营养生长,促进花芽形成。在花期和果实膨大期喷施赤霉素、萘乙酸等,有促花保果提高坐果率的作用。

3.2 生长结果期的管理技术

从幼树有一定经济产量,到树冠大小基本形成而大量结果之前,为生长结果期。在这一年龄时期中,树体营养生长与生殖生长同时进行,并且以营养生长占优势。其树体外观形态表现为:枣头、枣股、二次枝数量逐年增多,树冠生长较快,叶面积迅速扩大,开花定规模,水平根与垂直根均较发达,吸收肥水能力大大加强,为大量结果创造了良好条件。因此,这一时期要因势利导,继续加强树体骨干枝和结果枝组的培养,搞好整形修剪,使之有一个理想的丰产树体结构,进一步扩大树冠,充分利用光能和空间,对土、肥、水等地下管理措施要常抓不懈,以增强枣树丰产的后劲。

生产上有些生长结果期的枣树营养生长过旺,常引起枣头枝梢徒长,使树体激素代谢、营养代谢失调,妨碍花芽分化,同时树冠枝梢密集荫蔽,通风透光不良,病虫易发生,导致落花落果,产量低且不稳定。有些枣园粗放管理,使树相不整齐,疏密不均,树体衰弱,枝条纤细,叶小而薄,病虫害严重,光合作用弱,养分积累少,难以形成花芽,常出现不开花或者开花结果少的现象。有时因不良气候和不良环境条件的影响,如干旱、水涝、冻害、花期遇低温或高温等以及授粉树配置不当,往往造成花而不实现象。针对生长结果期枣园存在的问题,应采取相应的栽培技术进行科学管理。

3.2.1 改造疏林或密林

枣树疏林主要是由造林成活率不高,缺株多引起的。疏林单位面积株数少,单产低,必须进行补植,最好移栽大苗补植,使树相整齐。枣树密林是由造林密度过大而管理技术跟不上引起的低产园,园地密蔽,病虫害多,结果少。可采取隔行、隔株或留优去劣的办法进行移栽,使调整的密度合理。有些品种需要按一定间隔距离补接或补栽授粉树。

3.2.2 改土施肥,扩大根系生长

对粗放管理的枣园,沙地压土,黏土地压沙,盐碱地压沙或覆草埋草,河滩地抽沙换土,山地深垦扩穴,平地深翻熟化下层土壤。推广林地间种绿肥制度,不断进行压青。每年秋冬增施一次有机肥,春夏追肥2~3次,并注意磷钾肥施用量,培育粗壮的主侧枝,扩大叶幕层厚度,促使多发粗壮而充实的枝条。

3.2.3 放任枣树整形修剪,改善光照

对于放任枣树,可根据因树整形、随枝修剪的原则,选分布均匀、生长势较强、上下错落排列的几个较大枣头作主枝培养,分年分批逐步去掉重叠、丛生、交叉、并生、内向、弯曲等扰乱树形的枝条。对其他大枝,凡有空间的,可适当回缩。对中、小枝修剪要轻,并逐步培养成各类结果枝组。通过整形修剪,达到树冠通风透光,树势由弱转强,一年生枝生长粗壮充实,开花结果的目的。

3.2.4 控制营养生长，缓势促花

对营养生长过旺的幼龄枣树，要在控制肥水的基础上，冬剪宜轻、宜迟，长放多留。夏剪宜重，采用曲枝、拿枝、环割、环剥、绞缢、扭枝、摘心等措施，或者在生长季节用多效唑和矮壮素进行喷洒，对控制营养生长，缓和生长势，促进花芽分化有良好的效果。

3.2.5 保花保果，提高坐果率

枣树盛花期进行人工放蜂、树干开甲、树冠喷水或者喷 10～50 mg/kg 赤霉素，均可以提高坐果率；采收前喷 20～40 mg/kg 萘乙酸可防止采前落果。

此外，应注意枣园的灌水与排水，做好树体保护防止冻害和防治病虫害工作。

3.3 盛果期的管理技术

树冠大小相对稳定，开始大量结果后即进入盛果期。此时，树势逐渐缓和，趋于中庸，营养生长和生殖生长矛盾不太突出，处于相对平衡状态。因此，要及时做好花期管理与夏季修剪工作，最大限度地提高坐果率；同时要加强病虫害防治工作，防止枣步曲、桃小食心虫等为害。肥水工作一定要跟上，采果后至落叶前加强叶面喷肥工作，注意年年秋施有机肥，提高树体贮藏营养水平，做到丰产稳产，尽可能地延长盛果期的年限。进入盛果期后，由于结果量剧增，树冠内常常出现某些结果枝组枯死现象，所以，一定要注意及时进行修剪，促使萌发新的枣头，实现结果枝组不断更新。肥水管理要常年坚持，保证树体每年都有一定生长量。总之，盛果期是枣树一生中最重要的时期，必须加强综合管理，实现丰产、稳产、低耗、高效、长寿的目的。盛果期枣树丰产优质高效的配套综合栽培技术措施如下。

3.3.1 深耕浅锄,推广覆盖

枣树水平根系较发达,成年枣树一般情况下根系已经布满全园,通过秋冬深耕,结合施有机肥活化下层土壤,使活化土层厚度达到 80 cm 左右,增加根系对营养元素的吸收量,能提高树体贮藏营养水平。浅锄与除草常一起进行,在生长季节 4—9 月,雨水多,杂草生长快,土表易板结,应多次进行浅锄。如遇干旱,也要及时浅锄,以提高土壤抗旱能力。浅锄深度,一般为 5~10 cm。通过浅锄,即可切断土壤毛细管,防止或减少土壤水分蒸发,还能切断分布于地表的枣树毛细根,有的枣区称之为"掏毛根",可以促进根系向土壤深处下扎,吸收土壤深层水分,从而增强枣树抗旱性。有些地方枣园常因水土流失而根系裸露,可于春季和秋冬季进行培土。夏季可用稻草、麦草和其他秸秆覆盖树盘或树行,能较好地防止土壤冲刷和土温增高,并能保持土壤湿度良好。冬季有冻害的地区;冬前覆盖树盘有利保温防冻。早春灌水后,枣树树盘或树行覆盖塑料地膜,能收到土壤保湿增温的效果。

3.3.2 科学施肥灌溉

进入盛果期以后的枣树,产量较高,每年的需肥量都比较大。所以,适时定量施肥是实现成龄枣树丰产、稳产的关键措施。施肥时期、施肥种类与数量应根据当地气候、品种、树势、产量等情况而不同,一般丰产稳产的枣园采用"四肥一水"管理措施,即秋季施基肥,以有机肥和复合肥为主,适量施用速效化肥;萌芽前追氮肥促萌芽、展叶、抽梢及花芽分化;5 月下旬追施氮肥、磷肥促进花芽分化和坐果;7 月下旬追磷肥、钾肥促进果实发育、内含物质转化和提高果实品质;在枣树生长期出现春旱或伏旱时应及时灌溉,特殊情况下,也要增加灌水次数。另外,防治病虫害时,结合树上喷洒农药进行叶面喷肥,也有良好的辅助效果。

根据我国目前生产实际,盛果期枣树尤其要抓好科学施肥工作。河北省昌黎果树研究所在金丝小枣产区,连续 6 年研究有机肥与无机肥的配合,以及氮、磷、钾肥配合施用的不同施肥量水平,对枣树的增产效果,提出了盛果期金丝小枣经济合理的施肥技术,可供各地参考。施肥量指标:每株枣树年平均施厩肥 50 kg、尿素 0.4 kg、复合肥 2 kg,折合每株年施氮 0.58 kg、磷 0.30 kg、钾 0.46 kg。他们采用萌芽前重施基肥、花期与幼果期补肥的“前重后补”施肥技术,比当地单施化肥的一般施肥量增产 14.9%。其具体施肥时期、施肥量及施肥方法是:肥料于萌芽前、初花期和幼果期分为 3 次施用,萌芽前施基肥时施入全部厩肥和化肥用量的一半;尿素的另一半于初花期追施,复合肥的另一半于初花期和幼果期各半施入。基肥采用树冠下东西两侧、南北两侧沟施和树盘撒施翻压逐年轮换的方法。追肥采用树盘穴施的方法,每次施肥后覆土灌水。

3.3.3 合理细致修剪

成年枣树树势比较稳定,合理修剪,既保持中庸健壮的树势,又调整叶芽、花芽及枝类比例,保持高产稳产。通过修剪首先稳定结构,控制树高和冠幅大小。随树龄增加,及时疏除顶部强旺枣头,逐步落头开心,能改善内膛光照。对主枝延长枝进行回缩,可选后部有发展空间的侧枝短截加以培养,抑前促后,既复壮了主枝上的结果枝组,又控制了树冠的继续扩大。并对裙枝和层间辅养枝进行先压后疏。其次稳定树势,通过疏截手段不断调整,以轻截、少疏为主,适当短截。修剪程度因树制宜,稳定渐变,避免大起大落,忽轻忽重,可控前促后,或多疏少截,或先放后截,维持营养生长与生殖生长平衡状态。再次更新枝组,着生在主侧枝上的枝组以中型为主,大中小配合;以侧生枝组为主,背上背下适当配合,做到内膛、下层不衰老、不空虚,上部、外围不密集、不过旺。要保留枝组上粗壮充实的结果枝,疏细弱枝,对外围枝抑前促后;小枝组去弱留壮、去老留新;大中枝组要放出去、缩回来,从而达到使枝组更新复壮的目的。

3.3.4 花果管理,有保有疏

对于开花坐果少的成年枣树,除了采用花期放蜂、树干开甲以及对枣头、枣吊进行摘心,以有效提高坐果率外,还应采取花期往树冠喷水、喷生长调节剂和微量元素保花保果。在生产上常用的生长调节剂主要是赤霉素,使用浓度一般为15~25 mg/kg,于盛花期喷布可提高坐果率8.9%~47.0%。另外,盛花期喷0.25%~0.3%的硼砂,或300~500 mg/kg稀土,或盛花期、幼果期喷0.2%~0.8%的硫酸锰、钼酸钠,亦可显著提高坐果率。

对花量过大、坐果过多、负担过重的枣树,可适当疏除较弱的枣头、枣股和二次枝,疏除过多、过密的枣吊和枣果,进行疏花疏果,以节省养分消耗,促进新生枣头生长和花芽分化,避免出现大小年现象,并可增大果实,提高果实品质和商品价值。

3.3.5 防治病虫,保叶保果

枣树病虫害防治是枣树生产的一项重要工作。各种病虫害对枣树叶、果的危害,常引起叶、果早期脱落。特别是进入雨季,病虫害较多,要注意及时喷药并采取综合防治措施预防病虫害的发生,保全叶片和果实。尤其是采果以后要注意保护好叶片,否则,对第二年的产量有较大影响。因此,必须重点防治枣步曲、枣黏虫、桃小食心虫、枣锈病等主要病虫害。

3.4 结果更新期的管理技术

当枣树骨干枝先端弯曲下垂、生长势逐渐衰退、结果枝组衰老、结果部位大量外移、树体向上生长明显、树冠内自然出现较多徒长枝、产量逐年下降时,即进入结果更新期。此时,通过加强肥水管理与重剪更新,仍可维持一定经济产量。因此,结合深挖树穴,施肥、断根修剪,促进萌发大量新根,是此期的重要工作;同时,应根据实际情况进行骨干枝的更新复壮,采用修剪技术,搞好徒长枝的改造利用,使之培养成新的树冠与结果枝组,可以获得一定经济收入。结果更新期枣园管理的主要技术如下。

3.4.1 主枝更新

对于原品种较好的枣树，在主枝的中、下部选有分枝处回缩，回缩后，由于缩短了营养运输的距离，既可增强分枝的营养生长，也可促使主枝下部萌发出新枣头，形成新的树冠，重新结果。主枝更新应分年度进行，1 年更新 1~2 个主枝，3 年内完成。

3.4.2 主干更新

对于衰老较严重、品种较好的枣树，当对主枝更新无法达到复壮效果时，必须进行主干更新。主干更新应注意更新时期和部位，要分期分批进行。对枣树主干进行更新的时期，应选在冬至到立春前，在离地面 60~100 cm 处进行环锯一圈，待新梢萌发长到 30 cm 时，才截干。并进行隔行更新，做到边更新，边恢复，边结果。枣树主干更新后加强肥水管理，一般 3~4 年即可恢复结果，8 年丰产，结果寿命延长 20~30 年。

老枣树更新修剪以后，伤口要削平，涂保护剂便于愈合。入夏前对主干、主枝涂白，避免灼伤。新梢抽生后要抹除位置不当的萌芽，对生长过长的枣头要适当摘心，促使多分枝，早日恢复树冠。

3.4.3 高接换头

如果枣树原来品质不良，可于春季萌芽前后，采用大树高接换头的方法改换成优良品种(又称高接换优)。高接换头时，一般利用树体原有骨架，采用劈接、切接、腹接、插皮接或改良合接的效果较好。嫁接成活后生长良好，树冠恢复快，增产也快。

3.4.4 认真清园，增施有机肥

对结果后期的枣树，通过翻刨土壤，清除园内杂草、根蘖，并且挖断一部分根系，可起到根系修剪的作用。再结合施有机肥、浇水改善根系分布层中的养分、水分和通气状况，促使枣树萌发新根，达到根系更新的目的。随着根系分布范围的扩大和吸收能力的增强，地上部分生长由弱转旺，即可恢复结果，取得一定产量。

3.5 衰老期的管理技术

当树势极度衰弱，树冠内出现大枝枯死现象，开花很少，结果大幅度减少时，根系已大部分死亡，即进入衰老期。此时，在给予适量肥水的前提下，对骨干枝进行锯截回缩更新，可促使萌发一定量的新枝，重新培养一定树冠，能维持数年经济产量。当产量很低、经济效益很差时，应将整株彻底更新，另抚育新园。

枣树树体寿命可长达200~300年，经济寿命可达60~80年之久，就是在矮化密植条件下，也可达20年以上。在生命周期过程中的生长发育状况，常因品种、立地条件、栽培管理水平的不同而有较大差异。因此，必须深入了解枣树的生物学特性与不同年龄时期的特点，以及枣树生长发育对环境条件的要求，制定出科学的栽培技术措施，不断提高管理技术水平，为枣树的良好生长发育创造各种有利条件，达到早结果早受益、丰产稳产、延长经济结果年限，不断提高经济效益。

第 4 章　枣树年周期中各物候期的管理技术

枣树一年中的物候期包括春季萌芽展叶、新梢生长、开花坐果、果实生长、采收、落叶休眠等。根据枣树年周期中不同物候期对水、肥、气、热、光照等需求,采取合理的管理技术措施是夺取枣树早果、丰产、丰收、高效益栽培的重要工作之一。

4.1　早春萌芽前的管理技术

立春之后气温开始回升,枣树生产者要全面制订枣园全年管理生产计划;购置化肥、农药、地膜等农用物资;检修喷药器械、灌水设备及有关生产机具;调运优良苗木,抓紧时间完成冬季整形修剪尚未完成的工作任务。此期应重点抓好以下几方面的工作。

4.1.1　整形修剪

北方冬季干燥寒冷地区,以春季 2—3 月到发芽前进行为宜,因为北方严寒地区冬季修剪常使伤口风干,影响剪口芽正常萌发生长。如果冬季未来得及修剪或者没有完成冬季修剪任务的枣园,应抓紧时间集中劳力在枣树发芽之前完成整形修剪任务。具体方法见本章 4.8 节内容。

4.1.2　防治枣步曲

枣步曲又称枣尺蠖、枣弓腰虫等。以幼虫食害枣树嫩芽,蚕食叶片,为害花蕾,严重时可将全树叶片吃光,造成枣树大幅度减产,甚至绝产无收,是危害枣树比较严重的一种害虫,应当重点加强防治。防治方法如下:

(1)人工挖蛹。3月,在成虫羽化之前,距树干170 cm范围内翻深10~15 cm找蛹,消灭越冬虫蛹。

(2)刮老皮。在树干基部30 cm以下刮去老粗翘皮,防止成虫上树产卵。

(3)绑塑料薄膜带。在刮过树皮的树干光滑处,围一圈10 cm宽的塑料薄膜带,接口用订书机钉实,或用小鞋钉钉好。也可在树干基部缠绑塑料薄膜裙或报纸裙,宽6 cm,距地面20~60 cm,每天早晚组织人力在树下捉蛾。

(4)堆土。在塑料薄膜带下端,围绕树干堆一圈上窄下宽的土堆,表面用铁锹拍打实在,呈光滑状,使成虫不容易爬上树干。

(5)挖沟。在土堆外围挖20 cm宽、20 cm深的凹形环状沟槽,内放若干小土块,以备羽化蛾躲藏,可进行人工捕杀。

(6)撒药。在塑料薄膜带下的环状沟槽内外撒25%敌百虫粉,大树每株0.25 kg,小树酌减,毒杀成虫。

(7)涂药泥。用机油或黏土搅入一定杀虫剂,涂抹树干,杀死成虫。

4.1.3 灌催芽水

萌芽前灌水,有利于根系生长,萌芽整齐,花器发育良好。常见的灌水方法有树盘灌水、分区灌水、开沟灌水以及山坡旱地枣园采用的穴灌。近年来,先进枣园可采用节约用水的喷灌、滴灌,还有旱地枣园结合埋草把进行灌水等,均有较好效果。另外,早春雪雨过后,北方地区要抓住有利时机,耙耱保墒,进行树盘或行间覆盖地膜,以缓解北方春季干旱现象。

4.1.4 春耕松土,水土保持

土壤解冻后至萌芽前,应抓紧春耕松土工作,可起到提温保墒效果。有间作粮食作物的枣园,要中耕除草;行间休闲的枣园,要进行耕翻,深度以20 cm左右为宜,翻后及时耙耱保墒。

丘陵山地枣园,要做好水土保持工作,以利蓄积土壤养分。坡地沿等高线整修梯田,防止水土流失,搞好农田水利基本建设。山地围绕树干修筑鱼鳞坑或水簸箕,蓄水保肥。沟谷地修坝垒堰,拦蓄雨水、淤积泥沙。

4.1.5 深翻扩穴,改良土壤

幼树应逐年深翻扩穴,放树窝,加深活土层,在距树干 100 cm 处开始,逐年向外挖 70 cm 深的环状沟,直至全园疏通。扩穴时,从树盘内由里向外,逐渐加深,注意保留 1 cm 以上的粗根,最好用三齿耙刨,尽量少用铁镢刨,以免切断大根。

4.1.6 掏毛根

除根蘖结合翻地扩穴、深刨树盘,切断表层浮根,可促使新根向土壤深处发展, 增强树体吸收肥水能力和提高抗旱能力。同时,清除树下萌发的根蘖苗,归圃培养。

4.1.7 追化肥,施基肥

春季萌芽前追肥灌水,能促使萌芽整齐,花器发育健壮,有利于丰产。一般每株大树追施人粪尿 50~100 kg、含氮速效化肥 0.5~1 kg;小树追施人粪尿 25~50 kg、化肥 0.25~0.5 kg。采用冠外挖深 40~50 cm 环状沟施入,或者放射沟施,也可采用冠下穴状施肥法,每株挖 5~6 穴即可。秋季没有施基肥的枣园,可结合春季深翻扩穴施入有机肥,或结合全园深耕撒施;集约栽培的盛果期枣园,要在树下株行间,隔年纵横交替开沟施肥,沟宽 30~40 cm、深 20~30 cm。

4.2 萌芽展叶期的管理技术

枣树萌芽展叶期,要重点防治枣树出土害虫,做好中耕除草、合理间作,有些枣园还可进行幼树移栽、扦插育苗、高接换种等工作。

4.2.1　喷药防治枣步曲

枣树萌芽展叶期枣步曲幼虫大量孵化，为害枣叶，应注意观察，视其树上虫口密度大小，决定喷药防治。喷药的关键时期在枣步曲幼虫处于3龄以前。虫口密度大时，每隔7~10 d，连续喷2~3次300~400倍50%敌百虫，或者喷800倍50%敌敌畏等。近年来，菊酯类农药在枣树上应用效果很好，杀伤力大，高效、低残毒，节约喷药用工，可以在幼虫3龄以前的孵化高峰期，喷洒一次2.5%溴氰菊酯4 000倍液，或10%杀灭菊酯4 000倍液。需要指出的是，喷洒农药最好不要在天气炎热的中午进行，最好在12时以前，或16时以后，喷药时，一定要往树冠上喷洒均匀。喷药后如果一天之内遇雨，会降低药效，应当重新喷药，以保证良好的防治效果。

4.2.2　防治枣飞象

枣飞象，又名食芽象甲、小灰象甲、太谷月象、土猴等，是萌芽展叶期发生的一种主要害虫。枣飞象以成虫为害枣树嫩芽、嫩叶，严重发生时常吃光嫩芽，致使枣树二次发芽，对产量影响很大。该虫每年发生1代，以幼虫在土中越冬。春季枣芽萌发时，成虫羽化出土，食害嫩芽。4月底至5月上旬为成虫盛发期。白天气温较高时，成虫最活跃，在树枝上爬行，咬断或吃掉嫩芽、幼叶，影响枣树正常生长发育，半个月后方可发出新芽，严重消耗树体贮藏养分，导致产量大幅度下降。枣飞象成虫有假死性，受惊落地不动，清晨和晚间不活泼，成虫为害枣芽后交尾产卵，孵化后，幼虫落地入土，直至翌年春季老熟化蛹。防治方法如下：

(1)堆土、挖沟。成虫出土之前，于树干基部周围培一光滑土堆，挖一环形小沟，阻止成虫上树，可结合防治枣步曲进行。

(2)树干涂药环。幼虫孵化期，在树干上涂一圈20 cm宽的药环，阻杀下树幼虫。药剂用废机油加3%辛硫磷粉剂配制。

(3)振落消灭。成虫上树后，于清晨露水未干时，用木棒猛击树干数下，使成虫受惊落地，或用手摇树枝振落，利用该虫的假死性，人工集中消灭或用药物杀死。

4.2.3 防治枣黏虫

枣黏虫又名枣实蛾、卷叶虫、包叶虫、黏叶虫。以幼虫吐丝食害叶片、花朵和果实,严重时造成大量减产,是枣区一大害虫。

枣黏虫在北方枣区1年发生3代,9月上旬老熟幼虫吐丝结白色薄茧,以蛹在树干粗皮裂缝或树洞中越冬。3月上中旬开始羽化、产卵,分散在结果母枝、嫩枝或光滑小枝上,盛期在4月中下旬。4月中旬至6月下旬发生第一代幼虫。5月上旬枣树萌芽时,卵孵化幼虫,很快钻入幼嫩的枣芽中,先啃食新芽、嫩叶,继而吐丝缠绕卷起叶片呈饺子状,藏于其中食害叶缘。每头幼虫一生食害6~8片叶,老熟幼虫在卷叶内作茧化蛹,第一代成虫发生在5月末至6月下旬,多在枣叶上产卵。成虫趋光性较强,诱杀效果好。枣黏虫防治方法如下:

(1)树上喷药毒杀幼虫。发芽期,当枣芽长3 cm至展叶之前,正值第一代幼虫孵化盛期,可喷洒50%巴丹水溶液800倍液,或90%敌百虫1 000倍液、50%敌敌畏乳剂600~800倍液、50%二溴磷乳剂500~600倍液、50%辛硫磷1 000倍液、10%氯氰菊酯2 000倍液、2.5%功夫4 000倍液等药液防治。注意,上述药剂任选喷一种即可,不必都喷。当枣芽长5~8 cm时,大多数第一代幼虫已经孵化,可喷洒第二次药进行防治,争取把第一代幼虫基本消灭,从而降低以后各代虫口密度,把危害控制在最低程度。

(2)黑光灯诱杀成虫。在成虫发生期,可利用其趋光性,于田间挂黑光灯诱杀成虫;也可喷50% 1605乳剂2 000倍液杀死成虫和卵。

(3)性诱剂防治成虫。枣黏虫性诱剂——聚乙烯塑料管诱芯,是我国著名枣树专家、中国枣协会理事长、原山西农业大学副校长李连昌教授等研制成功的人工合成性诱剂,该诱剂是利用雌蛾在交配前发出的性信息素诱杀雄蛾,减少雌雄交配率和压低田间有效卵量。具体使用方法是:取一大瓷碗,用铁丝拴挂在距地面1.5 m的树枝上,盛满清水,加0.1%~0.2%洗衣粉,将人工合成的枣黏虫诱芯(有效含量为100 μg/芯)用铁丝穿住,挂在距水面1~2 cm处。每隔1~2 d把碗内诱杀死的雄蛾捞出扔掉,注意经常往碗里添加补充所蒸发的水分,保证诱杀

效果。

4.2.4 测报防治桃小食心虫

桃小食心虫简称桃小，又名桃蛀虫、串皮疳等。桃小以幼虫危害枣果，在果内绕核串食，虫粪留在果内，严重发生时，虫果率达50%以上，导致产量减少、品质降低，果实经济价值大幅降低，即使丰产，也不丰收，直接影响经济效益的提高，为北方枣区的重要害虫之一，必须进行重点防治。

被害果的特征是：幼虫蛀入后留下针尖大的蛀孔，2~3 d后流出白色黏液，干枯后，在入果孔留下一点白色蜡质物，周围有一红圈，略微凹陷。桃小食心虫寄主很多，除为害枣外，还危害苹果、梨、桃、杏、山楂等，必须多种果园联合防治，才能收到理想效果。

桃小食心虫1年发生1~2代，以老熟幼虫在树干周围1 m半径内的3~10 cm土层中，吐丝缀合土粒作扁圆形茧越冬。翌年5月下旬至7月下旬陆续破茧出土。出土盛期与降雨早晚有密切关系，雨季来临早，桃小食心虫出土盛期也早，即每次雨后出现出土高峰。幼虫出土后，爬至树干附近地表缝隙、砖石、土块下或草根旁作夏茧化蛹。以后羽化成虫产卵,孵化出的幼虫危害果实。因此,应该做好早期防治及预测预报工作,抓住各个有利时机,进行有效的防治。防治方法如下:

(1)翻地灭茧。结合翻刨土地,拣拾枣树下面土中及晒枣场的越冬茧,集中销毁,减少虫源。

(2)搞好测报,地面喷药。建立雨后观察测报点,掌握出土虫情,预测预报出土盛期,及时在越冬幼虫出土初期至盛期之间,在距树干1.5 m范围内浇灌50%辛硫磷500倍液,药渗干后,耧耙一遍,使药均匀分布于表土中,杀死出土幼虫。也可在树冠下1.5 m内地面喷洒75%辛硫磷400倍液,每株用药液4~5 kg,或者地面撒敌百虫粉剂,随喷随锄,不宜见光,毒杀出土老熟幼虫和夏茧。

(3)树下培土。在越冬幼虫出土化蛹盛期,于离树干1 m范围内,培10~15 cm厚的土堆,拍打结实,防止羽化成虫出土。

(4)树上喷药。约在越冬幼虫第一次出土高峰期后12 d,出现羽化成虫,可用80%敌敌畏乳油1 500倍液杀蛾杀卵,可连喷两次。

4.2.5 土肥水管理

枣树萌芽展叶以后,正值营养生长与生殖生长旺盛阶段,应当及时施追肥并进行灌水。

(1)萌芽期追肥。萌芽期追肥也称花前肥,可满足枣树前期根系、枝叶生长和花芽分化、花蕾发育的需要。此期追肥以氮肥为主,适当加些磷钾肥。追肥可用速效化肥或腐熟人粪尿。因为枣树具有当年分化花芽当年结果的习性,因此在基肥不足或晚施的情况下,萌芽期追肥,以恢复树势,提高产量。一般追肥可在树冠下开深10 cm左右的环形浅沟施入,或挖穴施入,施肥后结合灌水,促使肥料溶解,供根系迅速吸收利用。当幼叶展开后,也可采用根外追肥,每隔30~40 d叶面喷施1次0.4%~0.5%尿素溶液,增补土壤氮素的不足,可促使叶片色泽加深,提高叶绿素含量,增加光合效能,使光合产物很快用于花芽分化,可有效地提高当年产量。也可混喷0.2%磷酸二氢钾、1%过磷酸钙或3%草木灰浸出液,因为尿素溶液为中性,可与一般农药混用,以节省喷药用工。

(2)土壤水分管理。枣树从发芽展叶到果实成熟的整个生长期间,都要求较高的土壤湿度。土壤水分以保持田间最大持水量的65%~70%为最好。因此,在春旱地区,应重视做好萌芽期的引水灌溉工作,有条件者可用拖拉机拉水抗旱,浇灌树盘,夺取丰产。雨后应及时耙耱保墒,或树盘覆盖地膜,保证枣树正常生长发育对水分的需要。

(3)中耕除草。中耕是为了破除土壤板结,改良土壤透气性,促进微生物活动,有利于肥料分解为根系吸收利用;同时,切断土壤毛细管,防止水分蒸发,去除杂草,保肥保水。据调查,在粗放管理枣园中,由于草荒消耗土壤养分和水分造成的产量损失,往往大于一般病虫害所造成的损失。因此,必须把枣园中耕除草作为一项重要工作来抓。

中耕一般在降雨后、灌水后以及干旱季节进行,中耕深度为6~10 cm。北方枣园萌芽期比较干旱,雨水较少,应当注意中耕松土进行保墒。枣区群众说,“锄头有水”,即指通过中耕切断土壤毛细管后,地表面形成一个覆盖隔离层,能有效地抑制土壤中的水分向外扩散,从而起到保墒作用。

下雨后,要注意锄除草籽萌生的小草芽,防止日后草荒。在生产实施中常常可以看到,由于除草不及时、不得法、不仔细,往往费工多而收效少。科学除草的原则是“除小、除老”。除小费工少,不长草,事半功倍;除老在开花未结种子之前除掉,不让其结籽繁殖,减少下年或下茬草荒来源。所以,应该多观察,以枣园中主要草种出土作为最佳除草时间的标准。具体来说,枣树萌芽期气温升高,百草发芽,出土生长,此时应仔细认真锄除一遍,可收到事半功倍之效。以后每次灌水后,或下雨后,杂草萌芽时再锄,以及大量草种开花结籽、尚未成熟之时,集中兵力,突击除草,消灭种子,效果较好。另外,要把路边、地埂、灌水渠边的草除净,免得草籽进入枣园内,最好与化学除草配合起来。

化学除草省劳力、成本低、功效高、效果好,应该积极推广应用。枣园常用的除草剂有草甘膦、扑草净、敌草隆、除草醚等,其使用浓度和方法、用量,可参照药品使用说明书进行。一般采用地面撒施或喷雾。为了提高化学除草的效果,在施用之前,最好先在枣园做些小型试验,摸索其最佳浓度、最佳时期、最佳用量以及杀草种类等,然后再大面积推广。

(4)合理间作。为了保证树体正常生长发育,枣树的四周应留树盘,树盘大小依树冠大小而定,一般应比树冠垂直投影面积大出 20~30 cm。树盘内可以清耕、覆草、盖地膜等,以便保水、保温、保肥,提高土壤有机质含量,树盘以外的空地,可种植间作物。

合理间作能提高枣园土壤肥力,改良枣园土壤的理化性质,实现保肥、保水、通气的目的,不断增加土壤有机质含量,全面提高土壤肥力。山坡地枣园间作,可抑制杂草丛生,减少病虫害发生,同时,还可充分利用土地和光能,提高枣园收入,以间作物养树,使经济效益有所增长。

有的间作物虽然可以改良土壤,但与枣树生长争夺肥水,种植高秆作物遮挡风、光,影响光合作用,导致枣树生长不健壮,不抗病虫,抗寒力下降,结果不良。因此,必须选择适合枣树间作的作物。合理的间作物应具备以下条件:植株矮小,不影响枣树光照;生长期较短,并且需要大量肥水的时期与枣树所需大量肥水期错开,最好是吸收肥水较少;病虫害较少,或者不至于传染给枣树;能提高枣园土壤肥力,改良土壤结构;间作物本身有较高的经济价值,产量较高,能起到经济利用土地,以地养树的作用;对枣树生长发育无抑制作用。

适宜枣园种植的间作物有:豆科作物,如黄豆、黑豆、绿豆、白三叶;粮食作物,如甘薯、马铃薯、冬小麦;蔬菜经济作物,如瓜类、葱、蒜;绿肥作物,如苕子、沙打旺、白三叶、麻、黄花草木樨、紫穗槐、紫花苜蓿等。

间作方式:可以在树盘以外的株行间种同一种作物(如冬小麦);也可以选用几种作物采用屋脊式种植,即靠近树冠处种低矮作物,距树冠远者种高秆作物,使两行树间的间作物呈中间高两边低的屋脊式,呈波浪状,以充分利用土地、空间和光照,提高光合生产效率,实现立体种植模式。

4.2.6 喷洒生长抑制剂

在新建密植枣园中,为了取得矮化早期丰产效果,可在萌芽后至开花前,喷洒植物生长抑制剂,使树体矮化。

(1)喷矮壮素(CCC)。花前每隔 15 d 喷 1 次 2 500~3 000 mg/ kg

的矮壮素溶液，共喷 2 次。

(2)喷多效唑(PP_{333})。幼树喷 1 次 1 000 mg/ kg 的多效唑溶液，成龄树的适宜浓度为 2 000~2 500 mg/ kg。

植物生长抑制剂是激素中的一类，喷洒后，必须配合肥水管理等农业措施，才能较好发挥作用，取得丰产效果，切不可单纯看待它的生理效应。

4.2.7 幼树栽植技术

在我国北方地区，因冬季干燥寒冷，通常在春季栽植枣树。因为枣树发芽期晚，北方往往春雨稀少，适当晚栽可缩短缓苗期，栽植成活率较高，所以北方枣区有萌芽栽枣的习惯。从栽植经验来看，春季最适宜栽植时期在枣树开始萌芽到发芽后芽长 0.5 cm 以前，此期栽植有利于当年抽生健壮发育枝，生长旺盛。如果栽植过早，往往由于闷芽而当年抽生不出枣头来，但栽植过晚，很可能因损伤新根较多或气温太高蒸腾量大而引起已萌发的枣头枯萎。

(1)选用壮苗。为达到矮化密植高产高效的目的，应选用根系发达、生长健壮、无病虫为害的优质枣苗，其具体技术参数见育苗部分。

(2)正确起苗，保护根系。为了提高栽植成活率，起苗时要尽量保持根系完好，多带须根，最好随起随栽。

(3)根系保鲜，激素处理。从外地调入的苗木，要把根系浸水 12~20 h 使其充分吸足水，然后根系蘸泥浆，有条件时用 ABT 生根粉或吲哚丁酸溶液处理更好。

(4)挖大穴施底肥，及时灌水保墒。挖植树穴深 80 cm、直径 100 cm，将表土与底土分开放。每穴施优质有机肥 30~50 kg，与表土混合后填入坑内，稍踏实，使穴底中心略高于四周，呈馒头状，以利根系向四周伸展。然后将树苗植入穴内，理顺根系，扶正树干，先填表层熟土，分数次踏实，使根系与土壤密接。最后把底层生土放到表层，修筑树盘，立即浇水，每株 30~40 kg，待水下渗完后，及时覆土保墒。在干旱地区，最好用塑料薄膜覆盖树盘，可起到增温保墒，促进根系生长的良好作用。枣苗栽植深度应略高于地面，浇水后以根颈部原来的土印与地面平即可。

(5)回缩枝干,减少消耗。定植后要结合定干至少剪去原枝干的1/3左右,以减少地上部枝叶过多的蒸腾,提高枣树栽植成活率。

4.2.8 高接换种

对杂劣品种,枣树萌芽后树液流动旺盛时,采用皮下接改换成优良品种,是尽快提高枣园经济收益的途径之一。以萌芽前剪下保存下来的尚未萌发的健壮发育枝作接穗,嫁接后用塑料薄膜包扎紧实。对山坡地埂的野生酸枣树,也可用皮下接法高接成优质大枣,但要注意嫁接成活后的水土保持及肥水管理工作一定要跟上,以取得良好的经济产量。

4.3 开花期的管理技术

搞好花期管理在枣树全年管理工作中起着十分关键的作用,花期管理,投资小见效快,容易收到立竿见影的效果。枣树与其他果树相比,萌芽晚、落叶早,生长期较短,并且分化花芽与开花结果都在同一生长期内先后出现。在枣树开花期,营养生长和生殖生长重叠进行,需要消耗大量养分,此时,北方气候高温干燥,水分、养分供不应求,供需矛盾十分突出,加之人们长期以来的粗放管理与传统栽培,造成树体贮藏营养不良,所以导致花芽分化质量不高,花而不实、落花落果现象非常严重,一般枣树花朵自然坐果率仅有1%左右就是丰产树,平均每条结果枝才结1个果。因此,抓好枣树花期管理,为树体的生长发育创造良好的外部环境条件,提高树体内部营养水平,提高花芽分化质量,减少落花落果现象,提高枣树坐果率,是大幅度增加枣树产量的一项重要任务。

4.3.1 防治害虫

(1)防治第二代枣黏虫。枣花开放后,第二代枣黏虫幼虫发生,既危害叶片,又危害花蕾、花朵及幼果。应往树上喷药防治,所用药剂种类与浓度同前,参见萌芽展叶期防治方法。重点放在幼虫孵化期。如果第一代枣黏虫防治得比较彻底,第二代发生量极少,构不成太大危害的,则不必喷药,只采用人工摘除受害叶片即可。

(2)防治桃小食心虫。6月中下旬前后,越冬代桃小成虫陆续出现,白天不多活动,夜间交尾,产卵多在叶背部叶脉分叉处,或者在果实梗洼处,可利用成虫对人工合成的桃小性信息素有很强的趋化性,在枣园设置桃小性信息诱杀器,干扰破坏雌雄虫正常交配,以便杀死成虫,从而有效地降低虫口密度和产卵量。也可在产卵盛期向树上喷药防治,约在第一次出土高峰后12 d,当羽化成虫出现时,用80%敌敌畏乳油1 500倍液杀蛾杀卵;或喷2.5%溴氰菊酯2 000倍液、10%氯氰菊酯1 500倍液进行杀卵,同时也可杀死初孵化的幼虫。

(3)防治龟蜡蚧。6月中旬为龟蜡蚧孵化期,可喷布亚胺硫磷4 000倍液杀死未披蜡若虫,对天敌长盾金小蜂也比较安全;或40%水胺硫磷400~600倍液与亚胺硫磷交替使用。

4.3.2 花期水分管理

(1)花期灌水。花期灌水又称开花水,是枣树年周期中肥水管理的一项重要内容,一般在枣树初花期进行。枣树花期对土壤水分十分敏感,因为此时枝叶大量形成,北方干旱少雨,有些地方还刮干热风,蒸腾量很大,很容易出现所谓焦花(花朵枯焦)落花现象。据山东、山西、河北等省研究,初花期灌水,可明显增加坐果率和产量,但灌水量不宜过大,土壤含水量达田间最大含水量的75%即可。若旱期较长,间隔10 d再灌水1次,即能缓解旱情,最好不要造成花期缺水。

(2)树上喷水。枣树的花为聚伞花序,花序内中心花先开,然后,周围的一级花、二级花、多级花逐渐开放。从单朵花来看,花朵中间为一环形的宽大蜜盘,花朵盛开初期,在气温较高(日均温20 ℃以上)、土壤水分充足、空气湿度较大(相对湿度70%)的情况下,蜜盘开始大量分泌蜜液,吸引昆虫采蜜,起到传授花粉作用,有利于花粉萌发受精,刺激子房膨大结实;反之,如果气温偏低,空气过于干燥,土壤水分不足,刮大风的天气,蜜盘停止泌蜜,不利于昆虫采蜜传粉,不利于花粉发芽,起不到授粉受精作用,坐果率降低。所以,在北方枣区,枣花盛开时期,如果空气干燥、天气干旱,可组织力量,选择晴朗无风的傍晚或上午,用喷灌或者喷雾器向枣树叶片上均匀喷洒清水 1~2 次,间隔 3~5 d,视旱情而定,以增加空气湿度,改变小气候条件,保证枣花正常授粉,可提高坐果率。有条件的枣园,可安装喷灌设施,进行大面积喷水,或利用农用飞机人工降雨,以提高枣园大气湿度,促进坐果。每亩喷灌水量 6~7 m^3,则效果更佳。据有关资料,花期每株喷水 15 kg 左右,一般可增产 15%以上。如果花期低温阴雨,则不必喷水,因为短时间的小雨,可适当提高空气湿度,并不影响枣花开放。但阴雨连绵,影响花药开裂撒粉,冲淡柱头蜜液,降低花粉发芽率,常造成减产。枣区群众认为,干旱焦花、阴雨水花,都不利于丰产。各地应根据历年来的气象资料,选择适宜品种,错开花期特别干旱天气或阴雨连绵天气,以取得枣树丰产。

4.3.3 枣园放蜂

枣树是虫媒花,枣花又是上等蜜源,在枣园花期放蜂,增加授粉媒介,可大大提高开花坐果率。枣树单花寿命较短,而整个花期达 40 d 以上,为放蜂采蜜提供了良好条件,实属枣园多种经营、高产高效不可多得的又一条财路。例如,每年初夏时节,素有“百里枣乡”之称的山东省乐陵市,780 万株金丝小枣竞相绽蕾开花,清香一片,全国十几个省市的蜂客纷纷云集乐陵花繁叶茂的枣林放蜂,蜂群数以万计,因此乐陵市每年可收购枣花蜜 100 万 kg。枣花蜜作为食品、医药、酿酒的重要出口原料,为乐陵市带来了可观的经济效益,同时又极大地促进了金丝小枣的高产稳产,成为全国高产高效的典型。

4.3.4 夏季修剪

通过夏季修剪,可控制枝条旺长,使之向开花结果方面转化,提高产量,改善品质,该技术值得在广大枣区推广应用。夏季修剪的主要方法有开甲、环割与勒伤、剃树、断根、抹芽、疏枝、枣头摘心等。

(1)开甲。枣树开甲,即环状剥皮,又称为弱树、枷树、枣、利枣(剃树)等。

从枣树树干和枝条的解剖构造来看,可分为木质部和韧皮部两大部分。木质部比较坚硬,位于枝干中部,主要由许多导管组成,具有向树上输送由根系从土壤中吸收的水分和无机盐的作用,供地上部叶片蒸腾降温和制造光合产物所需。韧皮部位于枝干的外缘一圈,仅占整个枝干的一小部分,它由很多密密麻麻的筛管组成,承担着向下输送叶片光合作用制造的有机营养的任务,供树体骨架建造、花芽分化、开花坐果以及根系生长的需要。所谓开甲(环状剥皮),就是将树干的韧皮部切断,阻止光合产物向下运输而聚集在切口以上,使之转移到开花坐果的生殖生长方面来,从而调节花期枣头营养生长与花果发育的营养分配,提高坐果率,增加枣果产量。我国北方枣产区很早以前就把它作为枣树管理中的一项重要技术措施,后来在苹果上也得到广泛推广应用。环状剥皮后,对于促进幼旺枣树早期丰产和连年稳产都起到了良好作用。

一般自然状况下花朵坐果率低的品种,如金丝小枣、无核枣、骏枣等,环剥的适宜时期为枣树盛花初期。这时,树上叶幕基本形成,全树大部分结果枝已开花 5~8 朵,正值花质量最好的头蓬花盛开之际,此时环剥后所坐的果生长期较长,果个大、品质优、糖分多、着色好,商品经济价值高。

对于坐果率较高,但花后落果严重的品种,如圆铃枣,最适环剥时期为盛花末期,使光合产物集中供应幼果膨大,可明显提高产量。如果对这类品种也在盛花初期环剥,则坐果量太多,往往超过树体适宜负载量,造成果个小、生理落果严重。所以,一定要针对不同品种特性决定最适环剥时期。

常用的环剥工具有手锯、扒镰、开甲刀、枷树钩子等。适宜环剥的枣树为生长旺盛、干径达 10 cm 左右的幼树,以及长势强壮、结果很少或不结果的成龄树,促使它们提早结果和丰产。而对长势衰弱以及生长在土质瘠薄地片上的枣树,不宜进行环剥,否则,树体更弱,达不到丰产的目的,应当加强肥水,养壮后再进行环剥。

具体环剥方法为:第一次环剥时,从离地面 30 cm 处的树干上开

始,先用手锯或扒镰除去环剥部位一圈的老死树皮,露出粉白柔软的韧皮组织,再用锋利的刀刃切断韧皮部,上下各切一圈,并用枷树钩子扒下切断的韧皮组织。环剥宽度因树而异,成龄健壮树 0.5 cm,枣头多、果实少的旺树 0.6 cm,初结果壮树 0.2 cm,无果幼树 0.4 cm。剥时,勿用手触摸切口木质部的湿嫩处,以利伤口及时愈合。剥后 10 d,可在伤口喷涂一次杀虫剂,防止害虫啃食愈伤组织,保证伤口在 25~30 d 内愈合。环剥处上切口要齐,不伤木质部,下切口向外倾斜,以防积水,影响愈合。切口内韧皮组织全部切除干净,以提高环剥效果。为保证顺利愈合,环剥后用塑料布包扎住伤口,效果较好。

以后每年向上移动 4~5 cm,再次环剥,直至剥到第一主枝处,再从下而上重复进行。如果环剥后树势衰弱,叶片变黄,可暂停 1~2 年,加强肥水管理,适当控制产量,使树势复壮后再行环剥。在生产上常发现有人环剥过宽、切口不齐,导致当年不能愈合,增产效果不甚理想,应引起重视。

(2)环割与勒伤。适用于旺长不结果的枣头,其作用和环剥相同,可促进开花结果。

环割是用快刀在枣头基部 7~10 cm 处横割一周,切断形成层,深达木质部即可。勒伤是在当年新生枣头基部 4~6 cm 处,用线绳拉伤皮层一周,再把绳子绑在受伤部位,20 d 后解除。环割和勒伤对于辅养枝的改造利用效果较好,可使其尽快转化为结果枝组,变废为宝,有效利用。

(3)剁树(利枣)。这是河南省新郑、中牟枣产区常用的一种管理技术。其原理、作用与环状剥皮一样。具体方法为:用特制的宽2.5 cm狭长形手斧,于枣花期每年在树干基部砍剁5~6次,每次3圈,切断韧皮部,深达木质部即可;同一圈的斧痕相隔约5 cm,上下圈伤口交错排列,斧痕密密麻麻重叠一封闭圆圈,每次间隔3~4 d,到终花期为止。

(4)断根。这是一种特殊的修剪技术,用于减缓幼旺树的营养生长,促进开花坐果等生殖生长。可结合花期施肥,沿树冠外围开挖40~50 cm深的沟,切断部分水平根,减弱根系生长,从而缓和地上部树叶旺长,以利开花坐果。

(5)抹芽、疏枝。对于无培养前途的新萌发枣头,应及时从基部抹掉,以节省养分。对于过密枝、交叉枝、背上直立徒长枝,如果没有利用价值,要及早疏掉,以利通风透光,减少营养消耗,同时又可减少冬季修剪量。

(6)枣头摘心。实践证明,枣头摘心可以减少幼嫩枝叶养分的消耗,缓和新梢生长和开花坐果争夺养分的矛盾,提高坐果率。所以,对需要培养结果枝组促进结果的枣头,可视空间大小适当摘心,空间大的多留几节,空间小的少留几节,分别摘掉枣头顶端幼嫩部分与二次枝的生长点,使营养集中供应枣吊加长生长和开花坐果。由于及时控制营养生长,可培养稳定长寿的结果枝组,有利于连年稳产。

为了提高坐果率,当已经形成足够的花量后,也可以对枣吊及枣头二次枝进行适时摘心,控制加长延伸,减少过多地分化花芽,可以节省营养,促进早期开放的花序坐果。一般当枣头长出7~8个二次枝时摘掉顶心(枣头嫩尖),下部的二次枝留7~8节、中部的二次枝留4~5节、上部的二次枝留2~3节摘去边心(二次枝的嫩尖),枣吊上坐住果以后摘心(掐掉枣吊生长点)。

通过以上各种夏季修剪方法的灵活运用,使枣树枝条分层进行分布,每层叶幕厚度不超过60~70 cm,外围层间因树冠大小留有60~100 cm的间距,层间结果母枝均匀分布,密度不超过120~150个/m^3,以保证树冠良好的透光状态。以上是对主干分层形树冠而言，对于无主干树形或不分层树形来讲，应使树冠半径控制在2.0~2.5 m范围内，遵照“三稀三密”原则布局，合理解决光照问题。对于庭院零星栽植的孤立树以及稀植园的乔化大冠树，有关技术参数可适当加大。

4.3.5 喷洒激素

(1)赤霉素。赤霉素(GA_3)又名“九二〇”，是比较常用的一种植物生长激素。它能促进枣花粉发芽与子房发育，刺激未授粉枣花结实。因此，对克服干旱多风等不利枣花授粉因素造成的减产，能起很大作用，近年来在许多枣区应用，效果十分显著。通常在枣初花期喷10~15 mg/kg赤霉素溶液最好，经济实用，即在多数结果枝开5~8朵花时喷布一次，便能使坐果量达到丰产所需的数量。遇到气温过低年份，喷后5~6 d未见效时，可在日均温升到20 ℃以上时，再喷布一次。喷赤霉素最好与0.3%~0.5%尿素溶液混合进行根外追肥，省时省工，一举两得，既提高了坐果率，又补充了无机营养。

(2)其他激素。近年来许多单位试验表明，枣盛花期喷其他激素也能明显提高坐果率，现介绍如下，供选用。

①吲哚乙酸或增产灵：适用浓度均为30 mg/kg。

②吲哚丁酸：适用浓度为50 mg/kg。

③萘乙酸或醋酸：最适用浓度均为10 mg/kg。

④三十烷醇：最佳使用浓度为1 mg/kg。

需要指出的是，喷施激素和微量元素等，只有在树势健壮、有一定负载能力的基础上，才能收到较好效果。因此，最根本的措施，还是加强肥水管理。

4.3.6 花期追肥

(1)叶面喷肥。叶面喷肥又称为根外追肥，它是近年来农业上推广应用的一项实用技术，具有用肥省、肥效快的特点，尤其对山区缺水缺肥枣园非常适用。因为植物叶片背面有许多气孔，把速效化肥溶解在水里，配制成液体肥料，在晴朗天气的早上或傍晚，用喷雾器喷洒到枣叶上，1~2 h后，肥水就可从叶片的表皮细胞或叶片背面的气孔进入树体，参与新陈代谢，合成有机养分供枣树生长发育。叶面喷施磷肥，吸收利用率比土壤施用磷肥提高14%~41%。

枣树花期应喷0.3%~0.5%尿素，加0.2%~0.3%磷酸二氢钾，供枣树新梢生长、根系扩展和开花坐果所需。一般花期喷肥间隔5~7 d，共喷3次。除喷施氮、磷、钾三要素外，还需要喷洒一些微量元素，如硼、锌、稀土等。试验证明，硼可以促进花粉萌发与花粉管伸长，有利于授粉受精，对枣花坐果有良好作用，有利于果实发育，提高产量。通常盛花期可喷30 mg/kg硼酸溶液或50 mg/kg硼砂溶液，能提高产量2~3倍（在过去粗放管理条件下）。硼砂含硼有效成分为11.3%，硼酸含硼17.5%，二者均系细粒状晶体结构，在冷水中溶解度小，所以喷施之前，可用50~60 ℃温水溶解，或用少量酒精溶解（无酒精时用高度白酒亦可），再加冷水稀释到所需浓度。实际喷用时，1 g硼酸兑水33.5 kg便为30 mg/kg浓度，1 g硼砂兑水20 kg便为50 mg/kg浓度。在初花期、盛花期各喷一次稀土，适宜浓度300 mg/kg，稀释前应先将水酸化到pH 5.5~5.6。

（2）地下追肥。为减轻落花后的生理落果，促进幼果生长，一般于盛花后期施入追肥，其用量占全年施肥总量的30%~50%。在树冠下挖放射状沟，深10 cm、宽30 cm，每株挖2~4条，施入氮素和钾素化肥，或腐熟有机肥和草木灰。在有灌水条件的地片，每次土壤施肥后，均应及时浇水，以促使肥效尽快发挥，为树体所利用。

4.3.7 深耕灭茬

枣麦间作区应在6月中下旬麦收后进行土壤深耕灭茬，消灭杂草，以利保墒；并将当年萌发的枣树根蘖带叶挖出栽入苗圃，成活后翌年3月发芽前平茬、育苗。如果麦收灭茬后土壤墒情好，劳力充足，可在行间种植复播花生或绿豆等经济作物，覆盖地面，防止杂草丛生，也可改良土壤，增加绿肥。

4.4 新梢和果实生长期的管理技术

新梢和果实生长期的主要管理技术措施有追肥、灌水、中耕除草、树盘覆草、防治有关病虫害等。

4.4.1 追促果肥

枣果从受精后子房膨大开始,到果实停止生长可分为3个时期。

(1)迅速增长期。授粉受精初期,果实细胞旺盛分裂,细胞数目增多,持续时间大约4周。此时为决定果实大小的关键时期。一般来讲,果实分裂停止后,细胞数目多少已被确定,细胞体积迅速增大,使果实各部分增长很快,果核开始硬化,种子迅速生长,先进行纵向生长,后进行横向生长。这一阶段,可调动树体内的大量养分向果实运输,如果营养物质充足,则枣果细胞分裂数目多、体积大,可以增大果个,提高产量;反之,如果肥水不足,则果实瘦小,生理落果严重,直接影响产量的上升。

(2)缓慢增长期。果实细胞生长速度下降,果核细胞壁加厚并木质化,使核完全硬化。此期持续时间最长,达4~7周之久。由于果实细胞内营养物质的积累,以及由细胞间隙形成的空胞加速扩大,果实重量明显增长,体积也有所增加。

(3)熟前增长期。主要进行营养物质的积累和转化,细胞和果实增长很微小。果皮由绿色逐渐变白,开始转红,糖分逐渐增加,风味品质不断提高,最后至果实完全成熟。

幼果生长期,正是地上部分和地下部分第二次生长高峰,果实细胞分裂生长十分活跃,是氮、磷、钾三要素吸收最多的时期,树体需要充足水肥,以利枣果发育。而此时,北方地区虽进入雨季, 但在某些地区仍是十年九旱,气候干燥,往往出现缺肥缺水现象,导致落花落果,或影响果实增大生长。因此,在这个枣树生长发育的大量需肥期,要及时追施尿素、硝酸铵、磷酸二氢钾、过磷酸钙、硫酸钾、草木灰以及多元复合肥,如硝酸磷肥、硅酸钙肥、钙镁磷肥等。追肥以氮肥为主,适当增施磷、钾肥,以保证幼果生长发育的需要,促进果实膨大和根系生长,尽量减少生理落果。幼果期,也可以叶面喷施0.4%~0.5%尿素与3%过磷酸钙液,或3%~5%草木灰浸出液。

另外,果实生长后期也要注意追肥,以增加树体养分,提高果实品质。一般大树每株用量1~2 kg,小树每株追0.5~1.0 kg。如果叶片出现缺铁黄化现象,可喷0.3%~0.5%硫酸亚铁,使叶片转黄为绿,提高光合效能。

4.4.2 浇促果水

果实生长期对水分比较敏感。幼果期干旱,加重生理落果;果实生长中期干旱,果实发育缓慢,果个达不到应有的标准,造成减产。所以,7—8月干旱时,要及时灌水,以免果实生长受到抑制。花后结合追肥浇好坐果水,可达到减少落果的目的,以保证枣果细胞分裂和扩大所需的水分。果实生长后期,果面由绿变白时,结合施肥后浇变色水,能加速果实细胞体积的膨大和重量的增加,促进丰产,提高果实品质。在6—8月高温季节,蒸腾量大,遇到旱情应及时浇水,每次灌水量,以土壤0~30 cm主要根系分布层的田间持水量达65%~70%为宜。没有灌水条件的地块,应注意雨季蓄水、旱季保墒,尽量满足树体对水分的需求,同时选用抗旱品种,积极开展旱作枣树栽培的研究,比如地面喷洒蒸腾抑制剂、覆草覆地膜等进行保墒。

4.4.3 花芽分化、开花坐果

花芽分化、开花坐果同时进行,物候期重叠,短期内需要大量养分集中供应。如果营养不足,将影响坐果率的提高和果实大小,进而影响产量、品质及经济效益。因此,在保证提高坐果率的前提下,通过疏花疏果可以减少自然落花落果所造成的养分无效消耗,集中养分供给留下的枣果生长发育,因而能够增大果个,生产出优质高档大果,从而提高经济效益。具体时间和方法为:在7月上旬至8月上旬,当生理落果高峰过后进行疏花疏果,疏去小果、发黄萎缩果、畸形果、病虫果,选留个头大的枣果、发育正常的枣果。每条枣吊保留3~4个枣果,木质化枣吊可保留 7~8 个枣果,相邻枣果之间相距 10 cm 左右,以保证足够的叶面积和良好的光照条件。在当前市场经济形势下,有必要开展疏花疏果工作,但应该注意把疏花疏果与保花保果有机结合起来,使两者相互促进,相得益彰。

4.4.4 继续防治桃小食心虫

第一代桃小食心虫幼虫蛀果初期在 7 月上旬,蛀果盛期在 7 月下旬,脱果盛期在 8 月上旬以前,脱果幼虫 90%以上结夏茧化蛹进入第二代阶段。第二代幼虫蛀果初期在 8 月中旬,盛期在 9 月上旬。幼虫无转果为害习性,1 虫一生只为害 1 果。幼虫若未老熟,随果落地后继续串食落果,直至老熟后脱果。一般脱果后吐丝结冬茧入土越冬。

防治方法:在 7 月下旬到 8 月下旬产卵蛀果盛期,每半月喷一次 90%敌百虫或 50%敌敌畏 1 000 倍液、50%西维因 800 倍液;在防治第一代桃小食心虫的基础上,再于 8 月中旬至 9 月上旬,第二代幼虫蛀果之前,喷溴氰菊酯、氯氰菊酯触杀桃小食心虫的卵或初孵化的幼虫,浓度同前;并且从 7 月下旬开始,每隔 7~10 d 振落虫果一次,及时拣拾落果喂猪处理,消灭落果中的幼虫,减少翌年虫源。

4.4.5 防第三代枣黏虫

第三代枣黏虫幼虫发生在果实膨大期,从 7 月下旬至 9 月下旬均有,8 月上旬发生最多,主要危害叶片和果实。为害时,吐丝将叶片粘在果实上,啃伤果皮,钻入果内蚕食果肉,而将粪便排出。9 月下旬开始钻入树皮缝隙或树洞中,作茧化蛹越冬。在此期间,除喷洒药剂杀死幼虫外,可于 8 月下旬在树干上部分杈处绑草把,诱杀老熟幼虫潜伏化蛹越冬,以便落叶后集中烧毁。也可在产卵期释放赤眼蜂,进行生物防治,亦能收到良好效果。

4.4.6 防治枣锈病

枣锈病发生在枣叶片上,病斑多发生在中脉两侧或叶尖、叶缘等凝集水滴处,形状不规则,淡绿色小点至淡灰褐色、黄褐色,叶面呈花叶状，能引起早期大量落叶，对产量和品质影响很大。一般7月中下旬开始发病，雨水多的年份发生严重，干旱年份发病轻。

防治方法：应于7月下旬至8月中旬高温多雨季节，间隔2~3周喷2~3次1:(2~3):300倍石灰倍量式波尔多液，可控制为害，并注意及时清除病叶，集中烧毁，消灭菌源。

4.4.7 中耕除草

在干旱区、丘陵山区及旱地枣园，应多次中耕除草，松土保墒。尤其要抓好雨后的中耕蓄水保墒工作，解决枣树生长结果的需水问题，防止杂草消耗水分、养分。

4.4.8 树盘覆草

实践证明，在现阶段，覆草法是旱作枣园土壤管理的一项有效技术措施。国外学者研究发现，越是土壤条件不良、根系分布浅的地方，覆草的效果就越明显。覆草不仅胜过免耕，而且胜过生草和清耕。覆盖前，最好将树下杂草锄干净，修筑高标准树盘，树盘应大于树冠垂直投影外30 cm，盘埂高度15 cm以上。有条件时，覆草前最好浇一次透水，然后将玉米秸、豆秸、高粱秸、麦秸、绿肥作物等覆盖材料，铡成5~15 cm长的碎段，均匀撒于树盘，厚10~20 cm。也可整秸覆盖，上面撒些土压住，防风吹起，一般覆草厚度10 cm左右。覆草不仅能防止水土流失，抑制杂草生长，而且能蓄水保墒，调节气温变化幅度，促进土壤团粒化，增加有效态养分和有机质含量，保持土壤水分，并能防止磷、钾和镁等被土壤固定而呈无效态，有利于枣树的吸收和生长。待覆盖材料腐烂后可翻压入土中，作肥料使用。

4.5 果实着色成熟期的管理技术

4.5.1 防止采前落果

有些品种在果实开始着色的成熟阶段，果柄离层容易解体，造成采前落果。因此,可在采前8周和4周各喷一次10~20 mg/kg萘乙酸溶液,抑制果柄离层的形成,防止采前落果。山东与河北金丝小枣产区,在枣果白熟后期和果实成熟前10~15 d,各喷一次浓度为50~70 mg/kg的萘乙酸或萘乙酸钠溶液,可有效防止采前落果。也可以在枣果白熟后期和果实成熟前10~15 d,各喷一次浓度为10~20 mg/kg的防落素(氯化苯氧乙酸),对防止采前落果也有良好效果。注意喷布时,要求果面、果柄全面着药,以延缓果柄离层细胞解体时间,使果实能达到正常的成熟度以后,再进行采收。

需要说明的是,萘乙酸钠能直接溶于水中,可直接加水稀释成使用浓度喷布;而萘乙酸不能直接溶于水,使用前应该先用少量酒精将萘乙酸完全溶解,然后加水稀释到所需使用浓度。例如,在容量瓶中加5 g萘乙酸和50 mL 95%酒精,振荡使其完全溶解,再倒入100 kg清水中搅匀,即成50 mg/kg萘乙酸水溶液。用酒精溶解的萘乙酸母液可以存放,喷布时直接取一定量的萘乙酸母液兑水稀释即可。萘乙酸、萘乙酸钠都可以与中性农药、尿素混合使用,但不能与碱性农药、波尔多液等混合。

4.5.2 防止日烧和裂果

许多枣品种不抗裂果,在果实成熟期遇雨,常发生不同程度的裂果现象,造成10%~30%的损失。山东果树研究所认为,8月中旬至9月上旬如果干旱,处于白熟期的枣果在高温高蒸腾条件下,会发生果皮日烧伤痕,此期因为果皮细胞已停止分裂生长活动,发生日烧的伤口不能愈合;到9月上中旬,枣果进入脆熟期,果肉细胞开始大量积累糖分等营养物质,具有较高的胞液浓度,如果遇到降雨或者夜间凝露的天气,水分就会通过日烧伤口渗入果肉,使果肉体积膨胀,造成果皮以微小的日烧伤口为中心发生胀裂,从而产生裂果。

防止裂果的技术措施为:春季施肥灌水以后在地面覆盖地膜,或者在8月上旬雨季结束之前覆盖地膜,膜上盖土1~2 mm厚,防止日照老化、风刮破损;也可以在树行间覆盖10~20 cm厚的秸草,草上撒一层细土,可提高蓄水保墒能力,使8月中旬至9月上旬枣园土壤含水量保持在12%~14%以上,则不会发生旱情造成果皮日烧,防止以后裂果。如果没有覆盖地膜或秸草,8月中旬至9月上旬天气干旱,土壤水分不足时,要及时灌水,解除旱情,以便防止果实日烧与裂果。另外,8月中下旬果面喷布50~100倍石灰水,有减少果皮日烧、降低裂果的作用。

从果实开始着色变红,到接近成熟之前,如果雨水过多,要注意排水,不可再进行灌水,防止因水分过大而降低品质,减少裂枣现象发生,减少雨水过多造成的枣果腐烂,提高耐贮藏性,以利保鲜和加工。

4.5.3 适时采收

果实成熟期分为白熟期、脆熟期、完熟期3个阶段。白熟期,果皮退绿变淡,呈绿白色或乳白色,果实体积已定形,肉质较松软,汁液少,含糖量低,果皮薄而柔软,适宜加工蜜枣。脆熟期,果皮底色发白,梗洼、果肩开始转红,逐渐全果变红,果肉含水量、含糖量渐增,脆甜多汁,是鲜食脆枣品种的最适采收期。完熟期,果实含水量降低,果肉含糖量最高,质地变软,果肉颜色由绿色转成白色,果皮失水皱缩,品质最优,是制干品种最佳采收期。

枣果成熟后可按用途适时采收。早熟生食品种早采收、早上市出售,可获得较好的经济效益。鲜食品种要用手采摘,采摘时,注意鲜枣质量,勿碰伤,做好分级工作,以便按质论价,同时注意保枝保叶。晚熟制干品种应适当晚采收,以完熟期采收效果最佳,以提高果品质量和制干率。

枣果成熟期最怕连阴雨,因下雨会使某些品种果实表皮细胞裂口,造成霉烂损失。所以,一定要注意收看9—10月的天气预报,以便及时采取措施,减少裂果率,争取丰产丰收。对容易裂果的品种,可在连阴雨前抢收为好,有加工条件的,应提早分期分批采收,增大加工制品的比重,既可避免阴雨造成的裂果损失,又可实现加工增值、提高经济效益的目的。

制干品种的采收,传统方法是用长竿打枣,但易损伤枝叶,对采果后的叶片光合作用不利,影响树体积累有机营养,应当进行改进。近年来研究应用化学方法采收,省工、省力、工效大大提高,有利于保护叶片,值得推广。

化学采收方法:在准备采收之前的 7~8 d,用喷雾器往枣树上喷 200~300 mg/kg 的乙烯利溶液,当枣树叶果吸收以后,经过水解酶的作用,释放出乙烯,促进枣果衰老,加速果柄离层解体。喷后 3~5 d,在树下铺伞形布单,围绕树干铺好,两手摇动树干,即可振落枣果。购买市场出售的 40%乙烯利,每 5 g 加 10 kg 水即 200 mg/kg 浓度,每株成龄树用药液 5~8 kg,可使枣果普遍着药,经济实惠。化学采收可有效地保护树体,以免竿打损伤枝叶,影响光合产物积累。需要说明的是,此法用于已着色的果实效果不很理想,尚需要进一步研究探讨。

4.5.4 做好晒枣或炕枣准备

为了保证丰产丰收,夺取较高经济效益,应于果实采收前,及时购置煤炭、箔子、聚乙烯塑料薄膜等材料与工具,检修炕房,搞好加工枣的准备工作。鲜食脆枣品种,要做好上市前的运输销售工作。

4.6 采果后至落叶前的管理技术

4.6.1 叶面喷肥

枣树经过开花结果,已消耗体内大量营养成分,果实成熟采收后,距落叶还有较长一段时间,此时叶片生理机能仍相当旺盛,可以有效地进行光合作用。因此,应当抓住有利时机,积极进行叶面喷肥,时间越早效果越好,作用越大。间隔 1 周喷 1~2 次 5%~10%的腐熟人粪尿,或 0.4%~0.5%尿素,能减缓叶片组织的衰老,提高光合效率,使光合产物全部用于树体积累贮存,可提高树体贮藏营养水平,增强抗逆性,为枣树安全越冬和翌年早春根系生长、抽枝展叶以及开花坐果奠定良好的物质基础。

4.6.2 收种间作物

枣果采收后,枣行间种的豆类、花生、马铃薯、甘薯等也该相继收获入库,同时根据需要播种冬小麦、油菜等作物。所种的绿肥作物也要趁雨后及墒情好时,翻压入土,促使其腐烂分解,供枣树利用。

4.6.3 栽植幼树

在南方枣区与中原地区或者北方某些冬季无严寒、气温较暖,不至于产生冻害的小气候地区,可以在采果后带叶栽植幼树,建立新枣园。因为秋季多雨,土壤墒情好,气温较低,蒸腾量小,幼树带叶栽植容易成活。叶片产生有机营养可供根系生长,地温较高有利根系伤口愈合,在入冬以前,能产生适量须根,度过缓苗期,来年春季发芽较早,生长旺盛,有利于早期丰产。

4.6.4 防治星天牛

星天牛 2 年发生 1 代,以幼虫蛀食枣树树干基部的根颈皮层,并在其中越冬,造成树势衰弱,叶片发黄,大量落果,严重时导致整株死亡。防治方法如下:

(1)捕杀成虫。根据成虫 6 月多在晴天 9—13 时活动、交尾及产卵的习性,于 6 月进行人工捕杀。

(2)刮皮灭虫。7—8 月初孵幼虫为害树干皮层 10 d 左右后,被害处流出黄色胶状物和排出木屑状物时,用刀刮去幼虫为害的局部皮层,并涂抹敌敌畏 10 倍液杀灭幼虫。

(3)钩杀和药杀。秋分前后,检查枣树根颈周围,发现该虫蛀孔后,可用自行车辐条将洞内粪屑钩出,杀死幼虫。若幼虫蛀入较深,清除粪屑后,用含量 50%以上每粒 3 g 的磷化铝片剂,每虫孔塞进半粒至 1 粒,然后用泥封口,防治效果可达 100%。

4.6.5 清除虫果

为减少翌年桃小食心虫的来源、压低虫口密度,在枣果采收以后,要把树上的虫果打落干净,并拣拾地上落的虫果和晒枣场周围的虫果,集中处理掉。此项工作需要仔细认真,是综合防治中的重要一环,应当引起足够重视。

4.6.6 深施基肥

枣树施肥应以基肥为主、追肥为辅。这是因为基肥所含营养成分全面，肥效较长，又能增加有机质含量，改善土壤结构，避免因化肥施用过多造成的土壤板结、通气不良的现象，起到蓄水保墒的作用。

基肥一般在春、秋两季施用。生产实践证明，秋施基肥效果最好，应当积极推广。除非因秋季基肥粪源较缺，劳动力不足时，才在春季予以补施。枣果采收后，地温高、根系生理活动机能旺盛，施肥后，微生物分解快，容易很快被根系吸收利用，伤根容易愈合，所发新根多，地上部制造的有机营养可大量贮藏于根系，供下年枣树萌芽与新梢生长用。

秋施基肥应与深翻扩穴、全园耕翻相结合。常见的施肥方法有环状沟施法、穴状沟施法、放射状沟施法、井字形条状沟施法以及全园撒施等。常用的有机肥料有堆肥、绿肥、人粪尿等种类。施肥时加入一些腐熟磷肥最好，可补充北方土壤中有效磷之不足。

施肥量依树体大小、树势强弱、产量多少而定。原则上大树多施，弱树多施；反之，小树少施，壮树少施；低产树适量增施。每株用量100~150 kg，每0.5 kg果需施1 kg肥。据有关调查，枣树高产园施肥量为每100 kg鲜枣施用纯氮1.5~1.6 kg、五氧化二磷0.9~1.0 kg、氧化钾1.3 kg。基肥于采果后或发芽前施入，其用量占全年施肥总量的50%~70%，以有机肥为主，适量掺入磷素化肥及部分氮素与钾素化肥，在树冠下挖宽40 cm、深15~20 cm的施肥沟，长与冠径相近，距树干50 cm左右，注意挖沟时勿伤直径5 mm以上的根，施肥后及时埋土封沟，以免根系晾干。

4.7 落叶后休眠期的管理技术

4.7.1 耕翻园地

落叶以后，枣树进入休眠期，根系生理活动缓慢，地上部分停止生长，一般农事活动大为减少。应当抓住冬季空闲时间，首先搞好水土保持工作与枣园土地基本建设。要做好深翻扩穴工作,逐年放树窝,加厚活土层,成龄树要进行全园耕翻。山地、坡地要修筑梯田,平地园应全园深翻,争取在土壤封冻前完成任务,这样,经过冬季冻融交替,使土壤疏松,加快熟化。

4.7.2 浇好封冻水

有灌水条件的枣园,要在施肥后至土壤封冻前,浇灌一次透水,促进根系吸收养分,提高树体越冬抗寒能力,加速有机质的腐烂,减少生理干旱。

4.7.3 积雪保墒

干旱山区及缺水源的枣园,可在冬季下雪以后,往树盘积雪、积冰块,使冬水春用,对于新栽幼树的成活有很大作用,也可促进大树来年丰产。注意,积雪或积冰块后,要在表面覆盖一层薄土保墒。

4.7.4 解除草把

要把树干上绑的草把解除掉,并清除全园枯枝落叶,将诱集到的枣黏虫等越冬老熟幼虫,集中烧毁、深埋。

4.7.5 刮老翘皮

深冬季节,突击刮除树干上的老翘皮,消灭潜藏在树皮缝隙中的越冬虫茧;同时,用水泥、砖头堵封老枣树干上的树洞与裂缝,消灭越冬蛹。

4.7.6 冬季整形修剪

整形是通过修剪手段,将树体整成一定姿势或形状。修剪则是对树体所采取的一切“外科手术”,包括短截、疏枝、摘心、除萌、别枝、环割、环剥、刻伤、断根、疏花、疏果等,目前也采用化学药剂处理等先进手段进行修剪。

4.7.6.1 整形修剪的意义和目的

枣树为多年生植物,生长发育的各个时期常出现各种矛盾,如个体之间、器官之间、生长与结果之间、坐果与落果之间、衰老与更新之间等矛盾,由此产生落花落果、大小年、内膛郁闭、结果部位外移、病虫害严重等现象,影响产量和品质,必须通过修剪来调节。合理的整形修剪可以使幼树早结果、早丰产,并形成合理健壮的树体结构,延长盛果期年限,达到丰产、稳产、优质的目的。

整形修剪的主要目的是:将幼树整成丰产的树形和牢固的骨架,促进树冠的早日形成和提早开花结果;成年结果树调节树体生长和开花结果间的平衡关系,改善光照,减少病虫害,提高单位面积产量和品质;缩小树体,合理密植;克服和减轻大小年结果幅度,延长经济结果寿命;衰老期更新复壮等。

4.7.6.2 枣树整形修剪的特点

(1)枣树萌芽率高,而成枝率低,幼树结果早而枝条稀疏。因此,要达到早结果、早丰产的目的,幼树时期必须通过整形修剪尽快增加枝量。

(2)生长和结果同时进行,花芽当年分化、当年结果,有枝就有花,无明显大小年现象。修剪时不必考虑花芽留量和第二年的花芽形成与结果量多少问题。

(3)对修剪反应不敏感。在对枣头一次枝短截的同时,还要对其下的二次枝进行修剪才能促使主芽萌发枣头,即"一剪子堵,两剪子促"的两剪子修剪法。容易掌握发枝部位,修剪量小,简单易行。

(4)枣树结果枝组稳定,连续结果能力很强。结果母枝可连续结果达 10 年以上,不必年年进行枝组更新修剪。同一枝段上的结果母枝同一年形成,修剪时能以同一年龄枝段为单位进行更新。

(5)隐芽多且寿命长。修剪刺激后极易萌发新枣头,更新复壮容易。

4.7.6.3 整形修剪的原则和依据

整形修剪的一般原则有 4 条:

(1)因枝修剪,随树作形。就是根据枣树不同品种,选择适合的树形，根据不同的树势和不同的枝类进行适宜的修剪。

(2)长远规划，全面安排。枣树的经济寿命最少在50年，适宜的树形是丰产的基础，牢固的骨架是负载量的保障，因此整形修剪应有较长久的规划，既要考虑枣树早实丰产，又要考虑树形和骨干枝的培养，全面安排，做到整形和结实两不误。

(3)均衡树势，主从分明。均衡树势是指通过修剪，使各级骨干枝势力之间保持相对平衡，同级骨干枝之间生长势应相近，如疏散分层形基部三主枝之间生长势应相近。不同级别骨干枝之间应有一定的从属关系，做到大小有序、主从分明。

(4)轻重结合。在修剪手法上应掌握有轻有重、轻重结合的原则。

整形修剪的依据有以下4点：

(1)以枣树生育特性为依据。枣树的生长结果习性和其他果树差异很大，其萌芽晚，落叶早；枣头连年单轴延伸，有利于培养骨干枝的延长枝，但不利于抽生侧生枝；二次枝无顶芽，结果枝组比较稳定；花芽当年分化，当年结果，多次分化，多次结果，结果部位在脱落性枝条上；潜伏芽寿命长，有利于更新复壮，整形修剪时一定要考虑到这些特点，采用相应的独特技术。

(2)以自然条件和栽培条件为依据。同类枣树栽培于不同的环境，采用不同的栽培方式及不同的管理措施，因而其生长结果有明显的差异。我国西北地区雨水少，气温低，但光照充足，生长期短，一年只抽一次梢，而且粗壮，因此修剪量少；南方多雨，温度高，光照差，生长期长，抽梢次数多，生长量大且枝梢密集，应多疏剪，短截不宜太重，否则易造成旺长，不易成花结果。一般栽培条件差、树势弱的宜稍重修剪；条件好、树势强的宜轻剪。一般密植园应减少或削弱大枝，控制树冠扩大；稀植园必须培育大枝，扩大树冠，也要多培养辅养枝。

(3)以树龄和树势为依据。枣树在不同年龄阶段，其生育习性不同，修剪应有所区别。幼年阶段为了尽快扩大树冠、早结实，宜轻剪缓放；成年阶段为了保持丰产稳产，修剪应轻重结合，使营养生长和生殖生长平衡；老年阶段树势衰弱，内膛光秃，应加重修剪，回缩更新。枣树树势不同，修剪也不一样。树势强旺应适当疏除强枝和密枝，并长放，以缓和长势，促进成花结果；树势中庸应运用放、疏、短截等方法来抑强扶弱，调节平衡；树势弱宜重剪。

(4)以修剪反应为依据。修剪就是人们对枣树生长发育的干预措施，必定对枣树产生刺激而引起许多反应。修剪技术是否运用恰当，枣树的反应(包括当年和多年的反应)就是最好的回答。有经验的生产者，可以明显地看出不同的修剪反应，从而不断总结积累经验，完善自己的修剪技术。

4.7.6.4 修剪方法

冬季休眠期修剪，指从落叶后到发芽前所进行的剪截枝条工作。我国北方中原一带冬季无严寒地区和南方地区，如黄淮流域、江淮流域可在冬季进行修剪。

(1)短截。主要作用是刺激剪口下的主芽萌发，集中营养供新枝生长，扩大树冠。一般选择饱满主芽，在其上方约 0.5 cm 处进行短截。

(2)回缩。通常对交叉枝、下垂枝或细长结果枝进行回缩修剪，根据枝条着生位置所处空间情况，留上枝上芽抬高角度，达到更新复壮的目的，或者选留侧芽，把所萌发的新梢引向有空间处进行培养，也可以用于控制枣头连年延伸，培养大型结果枝组。

(3)疏枝。把树冠内的病虫枝、干枯枝、过密枝、细弱枝、直立徒长枝等枝条从基部剪除掉称为疏枝或疏剪。目的是有利于树体通风透光，健壮生长，集中养分开花结果。

(4)刻伤。为促使主芽萌发新枝，可在主芽上方 1 cm 处，用剪刀刻成半圆形的月牙状，切断韧皮部，深达木质部即可。通常在培养骨干枝时应用刻伤。

(5)支、撑、拉、别。用木棍支撑或用绳子拉开枝条，加大开张角度，扩大树冠，缓和生长势，有利于结果；用手把枝条别扭转向，可改变极性，控制某些枝条过旺生长，又可把过密处的枝调整到枝条稀少的地方加以利用，在幼树矮化密植中经常使用。

4.7.6.5 整形修剪的时期

枣树一年中的修剪时期，可分为冬季修剪和夏季修剪。冬季修剪即休眠期修剪。枣树在进入休眠期前，枝梢内的营养物质向下运至树干和根部，至开春时再由根干运向枝梢。因此，枣树冬季修剪时期以在落叶后至春季萌芽以前为宜。

夏季修剪即生长期修剪，其方法有抹芽、摘心、除萌、拉枝、刻伤、环割、环剥等。这类修剪，常因目的不同，具体修剪时期也不同。如为了控制抽梢数量，可在早春萌芽时抹除部分萌芽；为了促花保果，常在花芽分化前或者花期在枝干上进行环割、环剥，对直立枝梢进行拉枝；为了促进分枝，常在枝梢长到一定长度时进行摘心或剪梢；为了透光，增强果实着色，要疏除部分过密枝条。

4.7.6.6 主要树形及结构特点

1. 有中心干形

适宜于干性较强的枣树，其树形结构特点是有较强的中心干，主枝分布较多，依主枝的排列又分为有层形和无层形。

(1)主干形。由天然形适当修剪而成，有较强的中心干，中心干上主枝不分层或分层不明显。一般树体高大，枣粮间作、庭院栽植、大冠稀植等都可用此树形，密植栽培也常用此树形。

(2)疏散分层形。主枝 5~7 个，在中心干上分 2~3 层排列，一层 3 个，二层 2~3 个，三层 1~2 个。第一层各主枝配备侧枝 2~3 个，一层以上每个主枝配备侧枝 1~2 个，其距离为 50~60 cm。第一层主枝间距 30~40 cm，第一层与第二层间距 80~100 cm，以上各层的间距逐渐减小。主枝与中心干夹角为 50°~60°。这种树形符合枣树生长特性，骨架牢固，成形快，通风透光性良好，产量高，是枣树最适宜的树形。

2. 无中心干形

无中心干形是一种适应于干性弱、需光性强的枣树树形。结构特点是没有明显向上的中心干，一般树冠低矮，主枝数较少，且分布集中，树冠是圆头形或半圆形。

(1)自然圆头形。这种树形是在主干一定高度处短截后，经其自然生长，发生分枝，以后剪除过多的主枝，使之成为均匀排列的 5~6 个主枝，每个主枝上着生 2~3 个侧枝，构成树冠骨架。此树形修剪轻，树冠形成快、易成形。缺点是内部光照较差，冠内有一定无效体积。

(2)自然开心形。是在主干 40~80 cm 处短截定干，一般留 3 个主枝,互成 120°左右的方位角,各主枝以 40°~50°的开张角着生在主干上,每个主枝上着生 2~3 个侧枝,在主侧枝上选留结果枝组。这种树形光照好,骨架牢固,结果面积大,成形快,生长结果好,寿命长,较丰产。这是喜光树种常用的一种树形。

(3)丛状形(属无主干形)。其特点是无主干,着地分枝成丛状。

(4)树篱形。其特点是矮化密植,株间树冠相接,群体成为树篱,树篱横断面呈长方形或梯形。此形自然直立,有时无须篱架支撑,在密植条件下,解决了光照与操作的矛盾,有利于丰产优质和机械化操作。有时需立支架拉铁丝,固定绑缚枝蔓。

4.7.6.7 幼树整形修剪

枣树修剪要求低干、矮冠,大枝均衡、小枝丰满,枝组健壮,树冠紧凑,角度开张,通风透光。要适当短截,促生分枝,扩大树冠,增加枝量,加速幼树提早成形。修剪过程中,要按照"三稀三密"原则进行,即大枝稀、小枝密,上边稀、下边密,外围稀、内膛密,实现立体结果、均衡结果,夺取早期丰产丰收。

(1)幼树定干。新栽植的幼树,一般距地面 40~120 cm 定干,具体高度依栽培方式、不同树形、栽植地点而灵活处理。土质好、肥水足、枣粮间作或庭院前后零星栽植的定干应高些;土质差、缺肥水,纯枣林密植栽培者,定干可低些。定干时,在适宜高度处主芽上方剪掉树干顶端部分,同时疏去剪口处的二次枝,其余二次枝留下不动,以后随树体增大再逐年疏掉。

(2)丰产树形。丰产树形有主干疏层形、纺锤形、圆柱形、小冠疏层形、开心形、多主枝自然圆头形、折叠式扇形、两挺身形。

(3)骨干枝的培养。首先支撑别拉自然萌发的枣头(发育枝),把方位角、开张角度调整合理,培养各层主侧枝。然后,对连年单轴延伸萌发枣头较少的主侧枝,要在 1 年生发育枝中部饱满芽处进行重短截,一般留 60~70 cm,疏除剪口下的二次枝,使其继续抽生延长枝;同时疏除或重截靠近剪口部位的 2 个二次枝,逼其抽生新的枣头作侧枝或结果枝组用。

(4)结果枝组的培养。每条健壮的枣头(发育枝)或二次枝,都有可能培养成一个良好的结果枝组，只要在主侧枝上或中心干上均匀分布开来，互不拥挤、互不重叠、通风透光良好，能够正常进行光合作用即可。幼树枝叶量少，早期萌发的骨干枝以外的枣头与二次枝最好多留，以增加枝叶量，扩大光合面积，扩大树冠，使之早成形、早投产。如果枝条过密，无发展空间或影响骨干枝生长，可将其疏除或回缩。有空间者保留若干二次枝对枣头进行短截，使其转化为结果枝组，即俗称的“一剪子堵”，可控制枣头继续向前延伸。

4.7.6.8 盛果期树的修剪

进入盛果期后，随着产量的增加，树膛内的结果枝组出现自然更新现象，部分枣股衰老，个别二次枝枯死，要重点做好结果枝组的及时更新复壮工作，防止结果部位外移。

(1)结果枝组更新复壮方法。对枣股6~7年生、处于壮龄期末的结果枝组，在其下部刻伤，促发新枣头，培养2年后，当进入壮龄期时，将原来的老枝组疏掉，以新换旧。对枣股在10年生以上，已进入衰老期的结果枝组，可在其中下部适宜位置，回缩重短截二次枝，减少生长点，集中营养，促使隐芽或枣股萌发新枣头，培养成健壮结果枝组，即实行截旧养新，添补空间，替代原枝组结果。对枣股3~7年生、正处于壮龄盛果期的结果枝组，要及时疏除顶端以及二次枝中上部萌发的新枣头，减少营养消耗，使有限的养分用于开花结果。对基部萌发的新枣头，过密者疏掉，有空间者留下培养，或采用别、拉、变向诱导等方法调整枝位，利用其结果。

(2)疏除无效枝条，集中有限养分。要疏除树膛内的密生枝、徒长枝、病虫枝、枯死枝、细弱枝、并生枝、重叠枝，回缩交叉枝、下垂枝、衰老枝，使整个树体既有一定结果能力，又有适当量的营养生长，维持营养生长与生殖生长的相对平衡。

4.7.6.9 低产枣树的修剪

(1)放任树的修剪。根据每棵树的具体情况，选用适当丰产树形，即容易改造成什么树形，就参照什么树形来进行修剪，如主干疏层形、开心形、多主枝圆头形等。修剪时，首先锯除2~3个严重遮光的大枝，打通光路，引光入膛，锯口最好涂抹石硫合剂渣等杀菌保护剂，防失水过多,防病虫为害,促进伤口愈合。然后拉开主枝角度,回缩细长下垂枝与交叉枝,疏除过密、衰弱、干枯、病虫枝条,处理轮生枝、并生枝、重叠枝,短截辅养枝、改造利用徒长枝、培养强壮的结果枝组,做到“大枝亮堂堂,小枝闹嚷嚷”,合理利用空间,有效利用光能,尽快实现丰产丰收。

(2)衰老树的更新复壮。对骨干枝进行回缩,留上枝上芽,抬高枝头角度,增强顶端优势。短截更新衰老结果枝组,疏除细弱无用枝条,利用徒长枝,重新形成树冠和结果枝组,促发新的枣头,恢复树势。同时,对根系进行修剪,在树冠外围挖深、宽各30~40 cm的浅沟,切断0.5~0.8 cm的根,促发新根,配合追施腐熟人粪尿或适量化肥,提高树体营养水平,以便获得一定经济产量。

4.7.7 总结经验

制订下年生产计划。春节前后,组织干部、职工、技术人员研究总结全年枣树管理经验,寻找差距,制定措施,讨论安排下年枣树生产发展规划,为争取枣树生产再上新台阶做好有关准备。

4.8 冬季手术防治枣疯病

枣疯病,又称枣树扫帚病,我国各地均有不同程度的发生。枣疯病是所有枣树病害中最为严重的一种毁灭性的病害,目前用药物防治效果不太明显。经枣树专家多年试验,在冬季手术治疗枣疯病,治愈率可达85%以上,收到了较好的防治效果。其手术方法如下。

4.8.1 彻底锯除病枝

要求把着生病枝的主枝或侧枝从基部锯除。如果锯得不彻底,则治愈效果明显下降。锯除病枝的时间一般是从入冬枣树叶子全部落光至翌年春季枣树萌芽之前进行,所锯掉的病枝要及时彻底清理干净,带出果园烧毁,以防再次侵染。

4.8.2 环锯主干

用手锯在病树主干上锯成环状,发病较轻的枣树一般锯3道环,环间距20 cm左右,发病重的枣树可适当增加所锯环数。锯环深达木质部表层,即必须把皮层锯透,但又能不伤害形成层。

4.8.3 环锯主根

发病较重的树要挖开根部周围的土层,使主根基部暴露出来,用手锯在根的基部锯出与环锯主干相同的环状沟,促使韧皮部的筛管退化,使其中的类菌体无法成活。环锯主根后对伤口要及时消毒,可用1∶2∶200倍波尔多液灌根部,以防感染杂菌。此外,还要注意填好回土、踏实,以防止冻害的发生。

4.8.4 断根处理

对发病较为严重的树,在环锯主根的同时,还要切断与疯病枝同一方位的侧根。断根手术是治疗枣疯病的关键性手术。方法是:挖开根周围土层,露出侧根,而后从侧根基部切断,这样就可以清除在病根中越冬的类菌质体。

冬季手术治疗枣疯病,要早发现、早治疗,树上树下齐动手,切忌只治树上部,不治树下部,手术治疗要彻底、干净、不留后患。

4.8.5 冬枣无公害栽培

(1)选用无病毒苗木,确定合理栽植密度。建园时,要选用生长健壮、根系发达、无病虫为害的优质苗木,园地选择空气清新、水质纯净、土壤未受污染、地势平坦、地形开阔、光照充足、土壤肥沃、排灌条件良好,土壤不含有天然有害、有毒物质和土壤矿物质在正常值范围内,无农药残留、污染的地块为宜。要进行合理栽植。栽植深度以苗木根颈与地面相平为宜,切忌栽植过深,影响树体生长,且要确定合理密度,过密易造成树冠郁闭、园中小气候相对湿度增高、光照不足、枝条徒长、生长枝纤细,而且降低了抗病能力,为多种病虫害的发生创造了条件;

栽植过稀，则对光能和地力利用不经济。一般生产上以株行距 2 m×3 m、3 m×4 m 两种密度较为合理。

（2）增施有机肥，提高树体营养水平，增强抗病虫能力。增施有机肥的目的是增强土壤有机质含量，改善土壤透气性和土壤结构，有利于冬枣树根系的生长，增强树势，提高树体的抗病虫能力。有机肥使用的时间一般在秋季 9—11 月，或者在翌春 3—4 月，但以早秋施入为最佳。有机肥施用数量：一般幼龄树株施有机肥 20～50 kg，成龄结果树可根据产量与肥料之比来确定，一般生产 1 kg 冬枣应施入优质有机肥 2 kg。幼龄期采取环状沟施，成龄树选用放射状沟施肥。

（3）刮除树干老皮，清除枣园病枝落叶，降低越冬病虫基数。在秋季枣树落叶后，至翌春枣树发芽前，刮除主干、主枝上的老皮，带出园外集中烧毁，以杀死在其内越冬的病虫。刮老皮时，要注意见红（露出木栓层）不露白（韧皮部），刮皮后用石灰、食盐和水 1∶0.5∶100 配制石灰水涂抹，具有杀菌防寒的作用。在秋季落叶后，及时清扫枣园中的落叶、杂草、病果，结合冬剪剪除病虫枝，与老皮一起带出园外烧毁，以减少越冬病虫的数量。

（4）浇封冻水，深翻枣园。在封冻前对全园进行一次深翻，以破坏土壤中越冬蛹的蛹室，以减少害虫的存活量。深翻深度一般 20～30 cm，随后浇一次透水。

（5）树盘覆膜，绑塑料薄膜带，阻虫上树。早春在树盘覆 1 m×1 m 的薄膜，阻止在土中越冬的害虫如枣瘿蚊、桃小食心虫出土。在树干距地面 30 cm 处绑 10 cm 宽的塑料薄膜带，要求塑料薄膜与树干贴紧，能阻止枣尺蠖等害虫上树产卵。

（6）及时疏花疏果，科学确定树体合理负载量。冬枣花量很大，正常坐果率仅在 1%左右，过多的花会消耗养分，所以要及时疏花。冬枣留果标准一般是强壮树 1 个枣吊留 1 个果，中庸树 2 个枣吊留 1 个果，弱树 3 个枣吊留 1 个果。需及时疏果，保持枣树强健的树势，防止过量消耗养分，造成树体衰弱，抗病虫能力下降。

（7）合理整形修剪，改善树体结构。冬枣一般常用主干疏层形、小冠疏层形、自由纺锤形 3 种树形。根据所选用的树形进行科学的整形，并及时疏除徒长枝、密生枝、重叠枝、竞争枝、内向枝、病虫枝、纤细枝、受伤枝,修剪后要注意剪锯口的保护。在春季发芽后要及时抹除多余的萌发芽,对没有发展空间的枝要及时摘心,对生长直立的枝要进行拉枝,一般角度掌握在60°~80°,对树干较高的要及时落头,以增加树体透风透光能力,创造一个不利于病虫滋生的环境。

(8)树干绑草把,引诱越冬害虫。秋季的9月,在树干绑草把诱集害虫在其内越冬,于枣树落叶后封冻前取下带出园外烧毁,消灭草把中的害虫。

(9)合理追肥,及时补充微量元素。追肥时注意氮、磷、钾、微量元素的合理配比。追肥一般全年进行3次,分别在萌芽前、开花坐果期、果实膨大期进行,萌芽前以速效氮、磷为主,幼树株施磷酸二氨0.1~0.2 kg,成龄树株施磷酸二氨0.3~0.4 kg。5月底开花坐果期以氮肥为主,幼树株施尿素0.1~0.2 kg,成龄树株施尿素0.25~0.4 kg。7月上旬果实膨大期应施氮、磷、钾及微量元素复合肥,幼树株施0.4~0.5 kg,成龄树株施0.6~1.0 kg。叶面施肥见效快,效果明显。从开始发芽至采收前1个月,每隔半个月可叶面喷肥1次,也可结合喷药进行。叶面喷肥要根据树体的营养状况合理选择肥料种类,如花期喷尿素、硼砂,可提高坐果率,缺铁黄叶要及时喷0.3%~0.5%的硫酸亚铁或1 000倍的瑞恩2号,缺钙可喷800倍的稀土钙,也可利用鳞翅目成虫避磷的特性,在其产卵期喷0.3%~0.5%的磷酸二氢钾或过磷酸钙浸出液,以减少树土的落卵量。采收后可喷1%的尿素,增强树体的营养贮藏,利于树体安全越冬。

(10)合理浇水,及时排水。过旱、过涝对冬枣的生长都有一定的影响,在生产中要根据实际情况及时浇水、排水,尤其是雨季,及时排水能控制病原菌的侵染。

第 5 章　枣果贮藏保鲜与加工

鲜枣的维生素 C 等营养成分含量很高，备受国内外消费者的欢迎；枣加工制品种类较多，为现代高档食品，市场上缺额较大。因此，搞好枣果的贮藏保鲜与加工利用，可以使枣果产值大增，是实现丰产丰收、高产高效益的一条极为重要的途径，是我国枣产业链的一个重要环节。

5.1　鲜枣贮藏保鲜原理

枣果采收后果实脱离树体，切断了来自树体的水分和养分供应，果实要靠消耗自身的营养物质来维持正常生理活动，其生物化学反应由原来在树上的合成积累有机营养，转向了以水和营养物质的消耗方向，发生了完全相反的代谢变化。

枣果的贮藏保鲜就是通过各种技术措施，控制有关环境因素，使得脱离树体的枣果尽量减少呼吸消耗，减少果实内的水分流失和营养物质的分解，实现较长时间能够保持枣果鲜脆状态，保持原有的营养状态物质的风味和状态品质。

影响枣果贮藏保鲜的因素包括枣果的成熟度、采收方法、枣果的完好度、含水量和呼吸强度、枣树的品种、栽培技术措施，还有外界环境的温度、湿度、气体成分及微生物等。

5.2　鲜枣贮藏保鲜技术

鲜枣脆甜可口，营养丰富，含有很高的维生素 C 及矿物质、糖类物质，具有一定抗癌作用，深受广大消费者喜爱。但是，鲜枣（脆枣）的耐贮性很差，在室温条件下，一般存放 5 d 左右即变软，失去鲜脆状态，

1周后明显皱缩,维生素C大幅度下降,失去鲜食价值。所以,搞好鲜枣贮藏,既能大大减少因晒干枣而导致维生素C的大量损失,又能丰富果品市场,延长鲜枣供应期,实现转化增值,提高经济效益,使枣农真正实现丰产又丰收。

5.2.1 贮前准备

(1)选择耐贮品种。枣的耐贮性因品种的不同差异较大,一般晚熟品种较早熟品种耐贮、干鲜兼用品种较鲜食品种耐贮、抗裂果品种比较耐贮、大果型品种比较耐贮。耐贮品种有:冬枣、蛤蟆枣、襄汾圆枣、太谷壶瓶枣、临汾圆枣、北京西峰山小枣、西峰山小牙枣、金丝小枣、屯屯枣、相枣、尖枣、木枣、十月红、团枣、坠子枣等。

(2)采前处理。为了提高鲜枣的耐贮性,在采前半个月树冠及枣果喷洒0.2%氯化钙溶液,因为钙能改变枣果中水溶性与非水溶性果胶的比例,使大部分果胶变成非水溶性。同时,钙固着在原生质表面和细胞壁的交换点上,可以降低其渗透性,减弱呼吸作用,延长贮藏期。还可喷洒1 000倍的甲基托布津,能够防止霉菌感染。

(3)采收。用于鲜食的枣必须在脆熟期采收。脆熟期的标准为:

果面绿色减退，果皮大部分转红至完全转红色，此时果实水分多，味甜而质脆，采收过早、过晚都不好。由于枣的花期长，结实不一致，故采收要分批进行。一般在9月下旬至10月下旬采收。少数糖分积累早的品种，如枣庄脆枣、冬枣、金丝新4号等白熟期已有良好的甜脆品质，可溶性固形物已高达25%左右，也可以提前到白熟期采收。用于贮藏保鲜的枣果，不宜施用乙烯利催熟，以免枣果变绵，风味改变。枣果采收一般用手摘，轻摘轻放，避免碰伤，并且要注意保持果柄完好无损。

(4)预冷包装。入库前，采用喷水或浸水等方法迅速降温预冷，用打孔塑料薄膜袋包装，分层堆放库中。塑料薄膜袋采用0.04~0.07 mm厚的低密度聚乙烯或无毒聚氯乙烯薄膜制成。

(5)贮藏条件。鲜枣适宜的贮藏温度为0 ℃左右，空气相对湿度为60%，需要适当通气。

5.2.2 贮藏方法

(1)湿沙简易贮藏。采摘半红带果柄并且无伤的枣果，在阴凉潮湿处铺3 cm厚湿沙，其上放一层鲜枣再铺一层湿沙，这样一层湿沙一层鲜枣，堆放30 cm高为止，最后在沙堆上盖一层湿草或者湿麻袋，以利保湿。此法可贮藏30 d以上。

(2)塑料袋自发气调贮藏。选用0.07 mm厚的聚乙烯塑料薄膜，制成70 cm×50 cm的塑料袋，每袋精选鲜枣15 kg。装枣时注意轻倒轻放，不要碰破果皮，装好后随即封口。封口可用绳子扎紧，也可用熨斗热合，以热合密闭包装的贮藏效果最好。鲜枣装袋后，贮放在阴凉的凉棚中，逐袋立放在离地60~70 cm高的搁板上，每隔4~5袋，留有通风人行道。贮藏初期要注意散热，棚内温度越低越好，不使鲜枣高温发酵；冬季气温降至0 ℃以后，枣果不会冻坏。贮藏过程中要防止鼠害和腐败。

(3)土窑洞加塑料袋贮藏。将采摘的新鲜枣果放入土窑洞遇冷12 h，装进0.01~0.02 mm厚的无毒聚氯乙烯或者聚乙烯塑料薄膜袋，每袋2.5 kg，袋口绑扎后在袋中部两侧用烟头各烫2个直径1 cm的小洞，然后摆在土窑洞内的多层货架上。此法保鲜期可达1个多月。

(4)小包装抽气贮藏。选用0.07 mm厚的聚乙烯薄膜,制成60 cm×50 cm的塑料袋,每袋装精选的鲜枣15 kg,袋上设抽气孔一个,密封后抽出袋内空气。在通常条件(库温2~7 ℃,相对湿度70%~90%)下,贮藏9个月,果实丰满,肉质、色泽、风味正常。

(5)机械冷库贮藏。选50%着色的鲜枣,放在容量为0.5~1.0 kg的塑料袋中,袋侧打直径3~4 mm的小孔各2~3个,事先将选出的好果在2%氯化钙溶液中浸泡30 min,移到温度为0 ℃、相对湿度为60%左右的冷库内贮藏。

(6)冷冻保鲜贮藏。将鲜枣装入塑料袋内,每袋装1~2 kg,包装后封口,包装时不要弄破内包装。数量大时,还需用木箱或编织袋,大包装的包装量也不要超过20 kg。冷藏鲜枣要随采、随选、随包装,及时入库冷冻贮藏(-15 ℃左右),冷冻后在0 ℃条件下保持冰冻状态。出库时需对冷冻枣果作复原处理,即将冷冻的枣果放在冷水中浸泡30 min左右,冻枣即可恢复原状,并保持鲜枣的特有风味。

在居民家中可把鲜枣装进无毒塑料袋中封好袋口,放置于冰箱冷冻室中速冻成冰枣。食用前取出缓慢解冻,仍能保持枣果的鲜脆品质。但解冻的枣果不宜久放,应该立即食用,否则会失去原有风味。

(7)低温气调贮藏。20世纪80年代末,山西果树研究所和山西农业大学等单位的科研人员协作攻关,积极开展鲜枣贮藏试验研究,取得了可喜的成果,低温气调贮藏可使鲜枣保鲜期达1~3个月,极大地延长了鲜枣供应期,以及蜜枣、乌枣等产品的加工期。他们摸索总结出的鲜枣贮藏方法是:

选择品质优良的晚熟鲜食脆枣品种,在适宜的采收时期和良好的贮藏条件下,枣果可以保鲜60~90 d,好果率可达50%~90%。研究表明,当果实着色50%时采收,保鲜效果最好。过早影响果实品质,过晚缩短鲜枣贮藏期限。鲜枣贮藏的适宜库温为-3~-1 ℃,枣的冰点在-5 ℃。在贮藏期间,尽量减少枣果失水,防止果皮皱缩,保持果实的新鲜状态,使其有较高的经济价值。

①库房准备。贮藏鲜枣的库房安装制冷机和配套制冷设备,装有通风装置,贮装架的每层架面高25~30 cm,附设预冷室的容量,相当于

库房容量的 1/10。贮藏前半个月，对库房用硫黄熏蒸消毒，密闭 24 h，然后打开库房，通风 2～3 d，排出有毒气体后，闭库制冷，使库温降到 0 ℃左右待用。

②入库贮藏。采收后的果实，按大小、着色程度分级，用 0.2%～2%氯化钙浸泡 0.5 h，或者用 30 mg/ kg 赤霉素水溶液浸泡 5～10 min，捞出晾干后装袋扎口，送入库房预冷室预贮 1 d，使枣果温度降到接近 0 ℃。也可以用喷水降温或浸水降温的方法进行预冷，以便减少果实带入的大量田间热，使枣果呼吸减弱，利于延长贮藏期。入库时，每批数量不宜超过库容的 1/10，等库温回降到 0 ℃，再继续入库。入库后，果袋或果箱、果盒单层排放于贮藏架上，袋间留空隙，以利于散热。氯化钙和赤霉素浸果处理可增强鲜枣的耐贮性，装枣袋子用 0.06 mm 的无毒塑料袋，容量为 5 kg。贮藏期间的常规管理要点如下：第一，严格控制稳定库温在 0 ℃±1 ℃，严防上下波动；第二，控制库内湿度在 90%～95%；第三，库内二氧化碳浓度应低于 5%，一般控制在 2%～3%。

如果库内温湿度及二氧化碳浓度不合适，可采用制冷、喷水和通风等措施予以调整。北方地区可利用冬季外界气温低于 0 ℃时通风或者在库内积冰雪降低库温。目前，多采用塑料薄膜小包装冷库低温贮藏。

5.2.3　枣果涂膜保鲜贮藏

将涂被剂涂抹、浸蘸或均匀喷布于果面，晾干后枣果表面形成一层薄膜，可抑制枣果水分散失和呼吸作用。常见的有虫胶涂被剂、淀粉涂被剂、植酸涂被剂等。可按说明书参考使用。

5.3　枣果加工技术与方法

5.3.1　枣香酥片

用优质鲜枣加工而成，酥脆无渣，枣香浓郁，甜味绵长，为枣制品之上品，颇受市场欢迎。加工工艺要点如下：

(1)选果清洗。去除腐烂果与果实的腐烂部分。

(2)切分护色。每个果实切成3片,切分过程在护色液中进行,以免果肉变褐色。事先称取1 g无水亚硫酸钠,溶解于1 000 mL水中,配制成0.1%的亚硫酸钠护色液。

(3)烘干。采用变温分段烘干技术烘干20~24 h,烘烤温度不高于85 ℃,使含水量降至8%以下。

(4)包装。烘烤后的枣片经回软,及时包装、迅速封口。每袋50~100 g。近年来,采用真空封口充气机充气,进行抽真空处理或者充氮气包装。

(5)贮存。贮存时间与环境温度有关,真空包装产品在25 ℃条件下贮存保质期为1年,在10 ℃以下保质期可达2年。

5.3.2 枣干加工制作方法

枣干是以鲜枣为原料,采用烘烤和日晒结合的方法而制成的枣干制品,成品酥脆适口,纹理细致,紫黑油亮。其加工方法如下:

(1)选枣。选择全红、半红的新鲜脆枣清洗干净后分级。

(2)加工。将未全红的枣催红处理,做法是将洗净的枣分次投入将要沸腾的热水中,10 s后枣皮呈深黄色捞出放在竹箩上,覆上麻袋片,放置2 h,转入枣床上日晒半天;皮色转红时收起。

(3)煮制。将枣果倒入沸水中加盖急煮,搅拌12~15 min,待枣果熟透后立即出锅。

(4)干燥。将煮好的枣果直接倒入枣床上,铺平,置于阳光下暴晒,或放入烘房中干制。在暴晒或烘烤之前最好上覆草帘静放0.5~1.0 h,以使皮肉分离。干燥过程中注意经常翻动,防止烘焦。待枣果干透、枣皮有坚硬感、手摇有响声时即为干燥完成。

5.3.3 焦枣加工制作方法

焦枣又名脆枣,由肉质疏松的红枣烤制而成,成品暗红色,个头均匀,松脆香甜,韧性适度,焦香味浓,很有特色。

(1)选果。选择果形较大、肉质较松、略有酸味的优质红枣品种作原料。

(2)浸泡淘洗。用温水浸泡数分钟,再用清水反复淘洗,直到水清无杂质。

(3)沥干去核。将浸泡淘洗好的枣沥干或烘干果皮水渍,用穿核器捅去果核。

(4)烘烤。去核果先用 70 ℃烘烤 1 h,水分大部分蒸发后,升温到 90 ℃再烘烤 0.5 h,使含水量降到 2%~3%,枣果发出焦香气味即成。然后取出烤盘,等冷却以后称重,用塑料袋密封包装,防止吸湿返潮失脆。在烘烤过程中,要注意排潮和严控温度,防止焦糊。

5.3.4 糖衣夹心焦枣加工方法

夹心焦枣紫红色,大小均匀,果形饱满,不粘手,口感酥甜、有芳香,风味独特,河南新郑出产较多,北方枣区气候干燥的 11 月至翌年 4 月生产较好。加工方法如下:

(1)选料去核。选用大中型优质干制红枣为原料,用去核机或者去核钻,沿着枣果纵轴方向捅去枣核。

(2)夹心烘烤。在去核枣中塞入五香花生米,倒进特制的烘烤笼内,占总容积的 70%~75%,笼的转速为每 40 r/min,烘烤 1 笼需要 30~40 min。如在电热干燥箱内烘烤,温度控制在 80~90 ℃,约需 1 h。

(3)加上糖霜。将刚出笼的烘干焦枣倒入搅拌器中,趁热加入浓缩白糖液,边加糖边搅拌,直到枣面上出现雪白的糖霜。糖液是采用 3 份白糖加 1 份水,熬至 120 ℃而成。枣和糖液的比例为 20:1。

(4)焦化包装。把烘成的夹心焦枣倒在干燥室内的箔上,使其自然变硬、酥脆,冬季需 1 h,夏季需 5~6 h。用双层塑料袋包装,每袋 0.25~0.5 kg,然后装入硬质纸箱内,可存放 2 个月时间。

5.3.5 蜜枣加工制作方法

蜜枣是我国传统的糖渍干制珍品,种类繁多,风味各异,著名的有京式蜜枣、徽式蜜枣、桂式蜜枣等。京式蜜枣扁圆形,浅黄色,质地透明,较柔软,不起沙,含水量较高,一般达 17%~19%;徽式蜜枣亦为扁圆形,浅琥珀色、半透明,肉质松软,糖质起沙,含水量较低,为 13%;桂式蜜枣马鞍形,不整齐,深琥珀色,不透明,质地硬实,含糖量高,含水量少,仅为5%~7%。

(1)选料。在果实白熟期采收青枣,选择果形大、果面平整、皮薄核小的品种作原料。因青枣皮薄且柔软,肉质松软,含水量、含糖量都较低,糖煮时糖分容易渗入,成品色泽漂亮,故制作蜜枣常选用白熟期的青枣,而不用完熟期的红枣。

(2)去核切纹。为了使糖分很快渗入果肉,去核后必须用刀在果面上切划密集而整齐的纵向条纹,切口深度与每两条纹之间距都为2 mm左右,每果切划80条左右。切纹可用手工操作,也可用管状切纹器、切纹机操作,去核可用去核器。

(3)浸硫。枣果切纹后,放入0.1%亚硫酸钠水溶液中浸泡3~5 d,可防止褐变,增进成品色泽,防止肉质变腐,减少维生素C等营养物质的损失。

(4)糖煮。选用纯洁的白砂糖,加入适量0.1%亚硫酸钠和柠檬酸,分两次糖煮。第一次用15~18波美度(30%~36%)糖液,保持开锅剧滚状态煮半个小时,然后在同样浓度的糖液中冷浸渗糖24 h;第二次用28~30波美度(55%~60%)糖液,小火保持缓滚状态回煮20~30 min即可。糖煮好的枣果外形饱满膨胀,透明透亮。

(5)初烘。以65~68 ℃的温度,通风烘烤24 h,降低枣果水分,使果面干燥不粘手,果肉韧性增强。

(6)整形。将初烘过的枣,用手捏挤成周缘完整无裂口的扁圆形。

(7)回烘或晒干。整形后,再以65~68 ℃的温度,通风烘烤24 h,使之干燥,即成蜜枣。如果天气晴朗,也可直接晒干。

5.3.6 无核糖枣加工制作方法

无核糖枣呈半透明状,色泽紫红光亮,有浓郁桂花香味,口感香甜味美,酥软适口,含糖量70%以上,具有润肺益肾、补气活血之功效,是一种较好的保健营养滋补品。

(1)选料。选择色泽鲜红、肉质肥厚、个大均匀、完整无损、充分成熟,并已晒干的红枣,挑选分类,去除霉烂、有病斑的枣,如果枣面粘有杂质,应清洗晒干。注意不宜选择鲜食用的脆枣、青枣作原料。适宜的品种有相枣、屯屯枣等。

(2)去核。用去核机捅掉枣核,使捅孔上下端正,无破头,出核口径不大于0.7 cm。

(3)泡洗。将去核的枣倒入65~70 ℃的清洁热水中,轻轻搅拌,泡洗20 min左右,待枣肉发胀,枣皮稍展开,浸透水后,即可捞出,淋净枣皮表面的水备用。通过泡洗,清除污物,使枣皮舒展,以便在煮制时吃糖均匀,色泽一致。

(4)糖煮。取50 kg白糖、50 kg水,在不锈钢锅内加热,使温度达到90 ℃,糖溶化后,加入3%柠檬酸,将锅烧开,把泡洗好的枣倒入糖水锅,加火煮制约半小时,使枣皮胀起,色泽紫红时为止。

(5)浸枣。将煮好的枣连同原液一起倒入配有玫瑰、蜂蜜、桂花、白糖等佐料的糖水缸中浸泡24 h左右,直至枣肉吸饱糖液,呈紫红色。

(6)烘干。将浸好的枣用热水洗净表面糖浆,随即捞入烤盘中,送到烘房中烘烤,温度保持60~70 ℃。烘干时,每隔一段时间倒换一次烘盘,使枣受热均匀,经12 h后,糖枣水分含量降低至15%左右,用手摸感到外硬内柔时,即可出烘房。

(7)包装。烘干后,按大小和色泽进行分类,选取个头均匀、紫红明亮的成品,装入特制的无毒食品袋中密封,入标准箱出口或在国内市场销售,其余的另外包装上市处理。

5.3.7 水晶枣加工制作方法

水晶枣成品色泽晶莹透亮,枣肉肥厚无皮,味道鲜美香甜,质地酥软可口,具有较高的营养价值,深受广大消费者欢迎。

(1)原料选择。在枣果白熟期或脆熟期,选用果个大小均匀的鲜枣,要求无虫、无伤、无皱褶。

(2)脱皮浸硫。在防碱蚀锅内加入适量的7%~8%的火碱水溶液,煮沸后把鲜枣倒入,边搅边煮3~5 min,当枣皮变褐时,立即捞入6%的稀硫酸水溶液缸中,浸泡10~15 min,使酸碱中和到pH 6~7时,将枣捞出,用水冲洗干净,放入脱皮机中脱净枣皮,用手工脱皮也可。脱皮后再用清水冲洗数次,倒入盛有0.2%亚硫酸钠水溶液的缸中,浸泡40 min,捞出淋干水分。

(3)糖煮浸泡。先在沸水锅内加入水量52%~56%的白糖和0.6%的柠檬酸,取出部分糖酸液备用,把脱皮枣倒入锅内,以糖酸液浸没为宜,继续煮沸60 min,同时不断搅动,以便使枣受热均匀,当糖酸液沸腾后,逐渐加入冷却糖酸液,促使果肉渗糖吸酸。煮至枣透明时,再边搅边加入适量的白糖,继续煮15 min,直到糖液浓度达58%时,立即连枣带糖液一起倒入干净缸内,浸泡24 h,使枣果继续渗吸糖液达饱和状态。

(4)烘烤包装。将浸泡好的糖枣捞入烘盘中,放入65~68 ℃的烘房内,烘烤24 h左右,即成色泽晶莹透亮的水晶枣。然后分级包装,上市销售。

5.3.8 玉枣加工制作方法

玉枣是在永城枣干、泰山牙枣等产品的基础上改进而成的新产品,所用设备、工艺简单,产品黄白色,略有透明感,甜味适口,风味多样,枣味浓,无枣核。具体加工步骤如下:

(1)选料分级、去皮去核。选果形大、肉白质细、含水量较低的品种,于果皮全红或接近全红的脆熟期采收,剔除劣果,按大小进行分级。把果实倒入经过加热、保持沸腾的浓度为5%~7%的氢氧化钠水溶液中,翻搅2 min左右,果实开始破裂时即捞出,倒入清水池中快速翻搅去皮,去皮后换水漂洗3~4遍。洗净碱液和残皮,防止果肉变红变褐,用穿核器或穿核机去核。

(2)糖煮。用优质白砂糖配置35%~40%的糖液,加热煮沸,倒入去核的枣坯,再次煮沸后逐次加糖,提高糖液浓度。煮制50~70 min,果内充分渗糖、透亮,糖液浓度达到55%~60%时,连糖液一起出锅,浸渍12~15 h,充分吸糖后捞出沥干。注意,用于糖煮的糖液要经常换,变为黄褐色时不能再用,以防止加深成品色泽。

(3)烘干拌粉。烘烤初期温度为60~70 ℃,果形开始收缩后降温,保持55~60 ℃,直到烘干,含水量降至13%~17%。全期烘烤18~25

h。在烘烤期间,要注意排潮,控制温度升高,以免加深成品色泽。烘烤后回潮0.5~1.0 d,然后拌入20:1的葡萄糖粉和柠檬酸粉,使果面均匀分布一层白色糖粉,风干后即为玉枣成品,然后包装出厂。去核的孔洞,可以填塞拌有糖粉的芝麻、花生、莲子粉压成的松脆糖,以增进风味。还可以分别加入玫瑰、桂花、薄荷油等香料,以增加香味。

5.3.9 南枣制作方法

南枣乌黑透亮,枣形大小均匀,肉质坚硬,皮纹细致清晰,在手中摇动有响声,味甜香,酥脆适口。

(1)原料选择。选果大肉厚、质地致密、出干率高的品种,在果面全红脆熟期,采收、分级、待用。

(2)熟煮。把分级后的全红枣倒入开水锅中,加盖急煮12~15 min,注意经常翻搅,均匀水煮。当枣沉入锅底,说明已经煮熟。未全红的果实可先放入将沸而未沸的热水锅中稍烫片刻,使未红的果皮转深黄色后捞出,放入箩中覆盖草席保温2 h,再日晒半天左右,待果皮稍转红色而有皱纹时,进行熟煮。

(3)日晒烘烤。将熟煮后的枣倒到竹木枣床上日晒1 d,置烘灶上烘烤1.5~2.0 h,第二天再日晒烘烤1次,从第三天起,日晒10 d左右,达干燥即可。注意日晒时加盖草帘覆盖0.5~1.0 h,使果面稍硬后,揭帘摊开暴晒。烘烤时也要覆盖草席保温,保证火势均匀,每隔15 min左右,翻动一次,防止烘焦。成品外形乌黑油亮,纹理细致,品质优良。

5.3.10 乌枣制作方法

乌枣成品乌紫明亮,花纹细致,肉质柔韧细密,有独特风味。

(1)原料选择。在脆熟期采收果皮完全转红的个大、肉厚、质细、汁少的果实,按大中小分级,在清水缸中漂洗干净后进行加工。

(2)预煮冷浸。将洗干净后的枣倒入沸水锅中,加盖,用猛火急煮5~8 min,煮沸后揭盖,少加冷水,搅翻均匀,再次煮沸后捞出,趁热投入冷水缸中,冷浸5~8 min,保持40~50 ℃的水温,当果皮起皱后,再上筛滤水筛纹,即成枣坯。

(3)烘烤。将枣坯放到半地下式隧道形火炕的箔上烘烤,厚15~20 cm,开始用小火稳烧1~2 h,炕面温度控制在50 ℃左右,使枣坯均匀受热。然后加大力火,使箔面保持65~70 ℃,高温烘烤5~6 h,使枣果水分蒸发。最后停火5~6 h,上下仔细轻翻一遍,使枣层均湿,第一遍烘烤结束。当再次生火烘烤第二遍后,熄火,稍凉,将均湿的枣坯全部下炕,摊放20多cm厚,使余热散失。过两天后,再次上炕烘烤。这样共上炕2~4次,烘烤4~8遍。

5.3.11 熏枣加工方法

熏枣色泽乌光发亮,黑里透红;质地纹理细密,枣肉坚硬,捏之不脱皮、不变形,常用于出口外销。

(1)选料。采收脆熟期的枣果,剔除破头枣、虫枣等次枣,选用个大、肉厚、核小的枣果。

(2)煮制。将洗净的枣倒入沸水锅中,加热烧煮,并不断搅拌。煮到果皮出现皱纹稍微变软时,将枣迅速捞出,放入冷水中激坯,使枣身的温度急剧下降开始收缩,产生细密纹理。然后把激好的枣坯捞出,晾去表面的水分。如果没有纹理,说明煮制不足,要拣出来重煮。

(3)熏制。在地下做深230 cm、宽120~200 cm(底部稍窄)、长6~10 m的熏窑。用砖砌窑墙,距窑沿50 cm处用梁、檩搭成平架,铺上竹箔,将煮好的枣堆放在箔上熏制,摊放厚度以13~16 cm为宜,上面用苇席覆盖。在窑侧适当处连入口,做阶梯,便于入窑工作。熏制时,在窑底每隔200 cm放一堆柴,点火熏之,火焰不能超过66 cm,使枣温控制在60~70 ℃。每窑点火后熏6 h,停火后余热维持6 h,经12 h将枣上下翻动一次。按照此法,大枣熏8次,中枣熏6次,小枣熏5次。每窑熏制一个周期出成品率30%~33%。熏枣用的燃料以榆木、杉木为佳,含树脂多的木材(如松木),燃烧时产生异味,不宜使用。

(4)回软。熏制后的枣果,必须堆放在比较干燥通风的仓库内进行回软,又称均湿,以便使枣果内外水分含量趋于一致。注意回软时,枣果堆放不宜超过1 m。

(5)分级包装。按枣果大小分级后进行包装。用于出口的熏枣,用钙塑瓦楞纸箱围合成 41 cm×30 cm×13.5 cm 的规格，内衬塑料薄膜，放满枣果后，箱底、箱口都用刨花碱黏合，对缝处加封口条纸，箱外用塑料打包带打两道即可。打包带宽 10 mm、厚 0.8 mm，拉伸强度不小于 800 kg/cm^2。

5.3.12 糖水红枣罐头的加工方法

糖水红枣罐头是以优质红枣和白砂糖为原料加工而成的。成品深红色，同一瓶内果肉含量不低于净重的 55%，糖水浓度 25%，酸度 0.1%；枣果外形完整，无虫害与机械损伤，形态饱满，未伸展皱瘪枣果不超过 1/10，不露核，允许有少量不引起混浊的枣皮碎片；枣香味浓，甜度适口，滋味纯正，无异味。其加工具体步骤如下：

(1)选料清洗。选择大小适中的无病虫、无损伤、无畸形的果实，用清水洗去表面的泥沙，用温水浸泡红枣 24 h，使枣果皱纹展开，然后流水冲洗。

(2)煮制。将浸泡冲洗后的枣果放入沸水中煮 20~30 min，捞出后再清洗一遍。

(3)装罐。将洗净的枣果装入干净的罐头瓶中，每瓶装枣 290 g，加 25%糖液 220 g，加 0.1%柠檬酸。装罐时糖液温度不低于 70 ℃。

(4)排气密封。在 90 ℃排气箱中保持 6~7 min，待罐头中心温度达 70 ℃以上时，用真空封口机立即封盖。

(5)杀菌冷却。封盖后放入 100 ℃沸水中保持 30 min，然后冷却至 40 ℃左右，擦干罐外水珠，经检验合格后贴好标签即可装箱。

如果用去核机将枣核去掉，可以加工成无核红枣罐头。

5.3.13 枣脯制作方法

枣脯肉色透明，绵软，入口清香，质地柔韧，甘甜适口，有较浓的枣风味，含水量 15%~17%，含糖量 68%~72%。

(1)原料选择。做枣脯应选择个大、色红、鲜硬不绵软的枣果，用清水淘洗干净备用。注意不宜选择虫枣、裂枣以及有机械损伤的枣。

(2)去核去皮。用捅核器去核后，倒入 5%浓度的氢氧化钠溶液中,温度 100 ℃,用漏勺轻轻搅翻 30 s 左右,捞出沥干碱液,倒入冷水中,迅速搓擦、去净枣皮,再用清水冲洗干净。

(3)制枣干。把冲洗干净的去皮枣,摊在席上晾晒 1 周左右,即成枣干,或置于烤房中干制,烘烤时温度不要超过 60 ℃,注意经常翻动,以防焦糊。

(4)熏蒸。将枣干放在熏硫室中,取榆树锯末 25 kg,加硫黄 60 g,点燃熏蒸 1~2 h,熏透为止。

(5)笼蒸。把熏过的枣干用清水洗 2~3 遍,洗去表面二氧化硫,沥干水分,放蒸笼中蒸煮 2~3 h,蒸透为止。

(6)浸糖。配置 65%糖液,搅拌均匀后,加入 0.5%蜂蜜和 1%桂花,煮沸后,投入蒸过的枣干,煮 20~30 min,使糖液浸透枣干后,捞出沥干表面糖液。

(7)调配。将相当于原料枣 1/10 的砂糖粉撒在沥干糖液的枣上,摇滚均匀后即成枣脯。

5.3.14 枣肉干加工方法

枣肉干香气浓郁、质软稍硬、蜜甜可口,主要用于做粥。

(1)选料。选个大均匀、汁液较少、含糖量高、无病虫、无机械损伤的鲜枣,果实成熟时,随采随加工,避免因果皮皱缩果肉变软而不易削皮。

(2)削皮软化。用利刀将枣皮削净,放在干净的席上晒 3~4 d,每天翻动 2~3 次,待果肉变软即可。也可以放在 60 ℃左右的炕上烘烤 1.5~2.0 h,使其软化。

(3)去核整形。用去核器去掉枣核(为避免枣出糖粘手,可在去核之前稍撒些精面粉),去核后进行第一次整形。枣肉干的形状,需根据枣去核后的形状而定,一般捏成四周厚、中间薄的长方形或纺锤形。连续晒 2~3 d,再撒上一些精面粉,进行定形。定形后再晒几天,至九成干。如遇雨天,干制可改为烘烤。

(4)闷枣。初制成的枣肉干,放在缸中密闭 10 d 左右,以提高枣的香度。

(5)复干。包装闷好的枣,再晒 1~2 d 或者烘干 2~3 h,使水分含量在 13%以下,然后用聚乙烯塑料袋包装、封口。

5.3.15 枣泥加工制作方法

枣泥是以红枣为原料,经果肉打浆后配以食糖、琼脂、香料等煮制而成的非固态制品。成品为棕黄或红褐色,呈胶黏状或干沙状,不流散,不含粗纤维及枣肉碎屑,无糖结晶,允许有少量的细小枣皮。质地细腻均匀,枣香浓郁,味甜,是我国传统小吃的理想添加物。其加工方法如下:

(1)选料。选择肉厚个大的干红枣或残次枣,去除病虫、霉烂果及其他杂质。

(2)清洗浸泡。用流水清洗枣果,去除污泥、沙子及杂质,浸泡 12 h。

(3)软化。用不锈钢夹层锅,将洗净的枣果置于沸水中,一般 50 kg 枣加水 25 kg,加热煮沸 2 h,并不断翻动,至枣果软烂、皮肉易分离时为止。

(4)打浆。用孔径为 0.2~0.5 mm 的打浆机打浆或人工将枣擦成枣泥,并用尼龙网滤去枣核和枣皮。

(5)配料。枣泥 100 kg、白砂糖 75 kg、淀粉 6 kg、琼脂 0.2~0.3 kg、玫瑰酱 4.5 kg、猪油或花生油 3 kg,香料少许。

(6)辅料的调制。将白砂糖配成 75%糖液;琼脂加水后放火上加热直到溶解;淀粉加 9 kg 水搅拌溶解;香料加 20 倍水煮沸。上述辅料均各自过滤后备用。

(7)浓缩装罐。将枣泥、糖液、淀粉同时放入夹层锅内混匀,并加热浓缩,不断搅拌,以防煳锅,当可溶性固形物达 50%时加入琼脂液,继续浓缩;当可溶性固形物达 53%~55%时加入猪油及香料水,搅拌 10 min 后停火出锅。在保持酱温 80 ℃以上情况下,迅速装罐,用真空封罐机封口或排气后手工封口。

(8)杀菌冷却。将密封好的枣酱罐在沸水中保持 15~25 min,再把杀菌后的罐放于流动冷水中降温至 30 ℃以下,然后擦干罐外水珠,检验后贴标签入库即为成品。

需要注意的是:红枣软化时间不宜过长,以保持其营养成分;清洗必须充分,以防泥沙带入,影响成品质量;加工时勿用铁、铜金属制品。

5.3.16 枣酱加工制作方法

枣酱为暗红色或红褐色酱体,呈凝胶状,均匀一致,不流散、不分泌汁液,无糖结晶,无大枣皮、果仁皮、枣梗、枣核及其他杂质,具有红枣、果仁及桂花香味,无焦糊及其他气味。其加工方法如下:

(1)枣泥浆制作。选料、清洗、浸泡、软化、打浆,方法同上。

(2)辅料处理。分别筛选芝麻、花生仁、核桃仁,剔除霉烂、干瘪、虫害等不合格部分及杂质。把选好的原料清洗干净,晾干或晒干。然后在140~150 ℃烤炉或烤箱中,芝麻烘烤15 min,花生仁烘烤25 min,核桃仁烘烤30 min,烘烤时翻动2~3次。烘烤后,剔除烤焦的和不成熟的花生仁、芝麻、核桃仁,将烘烤合格的花生仁、芝麻、核桃仁倒入粉碎机中粉碎成直径为0.2~0.3 mm的细粒。

(3)主辅料调配。取枣泥浆100 kg、白砂糖60 kg、淀粉6 kg、核桃仁粉3.2 kg、花生仁粉3.2 kg、芝麻粉1.6 kg、琼脂0.2 kg、桂花香油0.5 kg、猪油或花生油1.5 kg。将砂糖配成75%的糖浆,用纱布滤去杂质备用;琼脂兑水10倍,加热溶解后过滤备用;淀粉加水6 kg搅拌均匀,过滤后备用。最后把枣泥、糖浆、淀粉、果仁放在夹层锅中调配均匀,倒入胶体磨中磨细。

(4)浓缩装罐。将磨好的细浆倒入夹层锅,在245~294 kPa蒸汽压力下加热浓缩。为防止糊锅,要不停地搅拌。加热浓缩至可溶性固形物为50%时,加入琼脂液;当可溶性固形物达到53%~55%时,加入桂花香油和猪油,继续浓缩10 min,然后停气出锅,迅速用装罐机装入罐、瓶或者复合塑料袋中,用真空封口机封口,如果用手工封口,要预先排气。

(5)杀菌冷却。根据装罐量的多少,在沸水中保持15~30 min杀菌时间,然后迅速冷却到38 ℃以下。注意玻璃瓶包装要分段冷却,先用50~60 ℃的热水淋洗,再用冷水冷却到38 ℃以下。

5.3.17　枣露加工制作方法

枣露，又名枣汁、枣饮料。是以枣为原料，取其可溶性固形物，配以白糖、柠檬酸、枣香料等而制成的补养饮料。其加工方法如下：

（1）选料。选择色泽深、香味浓郁的红枣，在流水中洗净，去除杂质及病虫果、霉烂果，放于筛子上沥干水分。

（2）烘烤。将洗净沥干的红枣放在浅盘中，于烘房或烤箱中烘烤。保持烘烤温度 60 ℃，待枣果发出香味后升温至 80 ℃，1 h 后枣果发出焦香味，果肉紧缩，果皮微绽时取出放凉。

（3）浸泡、提取、过滤。将烘烤过的红枣放在水中浸泡，使果肉微胀，然后开始加温，使水温保持 60 ℃，浸提 24 h，并经常翻动，当浸提出的枣汁可溶性固形物含量约为 10%时，静置后取上层清液，并用纱布过滤备用。

（4）原料配制。枣汁 85 kg、75%糖液 15 kg、柠檬酸 0. 1 kg、枣香料 0. 01 kg。首先将前三种原料在夹层锅中混匀。

（5）脱气处理。在保持枣汁温度为 50～70 ℃情况下，用真空脱气机进行脱气处理，要求脱气真空度 680～700 mmHg，需 5 min 左右，以防霉变和褐变。

（6）装瓶、密封。将脱气的枣汁迅速升温至 85 ℃以上，加入 0. 01%枣香料，注入装汁机中趁热装瓶，立即密封。

（7）杀菌、冷却。装好后的枣汁在沸水中保持 15 min 左右，取出用喷淋法迅速冷却降温至 40 ℃左右。枣露即可制作完成。

5.3.18　枣茶加工方法

中华枣茶是以鸡心枣、茶叶、枸杞、黄芪、何首乌等十多种中草药为原料加工而成，具有提神醒脑、益气生津、润肺止咳等功能，是上等的保健饮料。其加工过程如下：

（1）选料选择。优质鸡心枣、枸杞和上等毛尖茶。

（2）清洗、晾晒。将上述原料清洗后，除去杂物，晾晒。

（3）枣原料处理。将枣去核，放入烘房式烤箱内，将枣烘干（方法按照制干枣法进行），冷凉变焦酥后在防潮的房间里粉碎，过箩。

（4）茶粉的制备。将烘干的茶叶磨制成粉。

（5）辅料的配制。将枸杞、黄芪、何首乌等十多种中草药等其他辅料均按上述烘干法，去核、去杂物，磨制成粉备用。

（6）配料。将上述原料按一定比例，在配料间进行混合，然后用小包装袋进行包装，即成枣茶成品。枣茶含有蛋白质、脂肪、糖、多种维生素、有机酸及钙、磷、铁、锌等矿质元素，且饮用方便，为饮料中的上品。

5.3.19 枣醋加工方法

枣醋色泽纯正，醋味浓郁，品质优良。

（1）原料选择。利用残、次、烂枣或加工枣制品取出的枣肉、枣核作原料。

（2）去杂粉碎。拣去原料中的杂质后，用清水洗净浸泡 20 h 左右，用机磨磨成枣泥待用。

（3）加曲装缸。配料比例为：1 kg 大曲、10～15 kg 枣泥、20～30 kg 水。先把大曲粉碎，装入袋内放入缸底，然后将枣泥和水倒入缸中，使液面距缸口下 1/3，再用塑料薄膜把缸口封严，以利发酵。

（4）保温发酵。将封好口的料缸放入 35～40 ℃的发酵室内，先经酒精发酵阶段后，打开封口，再经醋酸发酵阶段，共需 15～20 d。

（5）淋滤加料。从料缸中取出已发酵的枣料，经淋滤，可得到淡黄色、酸味浓的枣原醋。每 100 kg 枣原醋中加 1 kg 食盐，即为枣醋，可立即上市出售。若暂不出售，可再加入 400 g 煮沸 20 min 的花椒水，以利长期存放，以后再销。

5.3.20 枣酒加工方法

酿造成的枣酒，色泽纯正、酒香味浓、稍甜，非常好饮，深受广大人民群众喜欢。

（1）原料粉碎。利用残、次、烂枣，去净杂质，用粉碎机粉碎。

（2）加曲发酵。取枣粉、高粱酒糟各 50 kg，混合拌匀，放入干净的水泥池中，放大坛中也可，用杵捣实压紧，保持 35 ℃，发酵 10 d 左右即可。

(3)蒸馏。将发酵的枣粉,蒸馏后便得成品枣酒,即可装瓶出售。一般 100 kg 料可出 25 kg 酒。

5.3.21 枣粉加工方法

枣粉是将红枣去核、干燥、粉碎后制成的紫红色粉状物。枣粉焦香甘甜,作馅用于夹心面包、夹心饼干等,也可泡茶、煮粥,加工方法如下:

(1)选料、泡洗、去核。与焦枣加工制作方法相同。

(2)干燥。用电热鼓风干燥箱烘烤去核后的枣坯 1.0~1.5 h,温度 90 ℃左右,当含水量达到 10%时停止。为增加成品色泽,可在烘成前 10 min,喷相当于枣粉量 0.1%的枣红色素(预先配制 20%枣红色素溶液),然后继续干燥到合乎要求为止。

(3)粉碎。用粉碎机将干燥后的枣坯立即粉碎,过 30 目筛即可。

(4)包装。粉碎过筛后,立即用食品塑料袋包装、封口、防潮。

5.3.22 枣豆羹制作方法

枣豆羹是以红枣为原料,加入红豆沙、砂糖等静置而成。具有枣香浓郁、豆香风味的特点,并以其丰富的营养价值和香甜可口的独特风味受到人们的喜爱。其加工方法如下:

(1)枣浆的制备和浓缩。方法同枣酱的制备。首先选肉厚个大的红枣,清洗沥水后放加层锅中预煮 50 min 左右,打浆后过筛去核,然后放入夹层锅中浓缩。

(2)豆沙的制备。选择优质红小豆,洗净后放入加层锅,水煮 2 h,待豆烂后捞出,置打浆机中打浆,过滤去除豆皮、豆渣,脱水,使之含水量在 30%以下。

(3)琼脂的制备。称取 0.3%~0.5%的琼脂,洗净后加入适量水加热溶化,待琼脂全溶后过滤备用。

(4)糖液制备。按 50%含糖量称取白砂糖,加入适量的水,放入夹层锅内溶化,配成 75%的糖液,过滤煮沸后备用。

(5)原料配制。首先将糖液、琼脂、豆沙放入夹层锅内搅拌均匀,然后加入枣浆、饴糖、香精和少许苯甲酸钠,加热浓缩即成。

(6)成品。经加热浓缩的成品,倒入盘中冷凉,即成浅红棕色、半固态胶状体,表面光亮、光滑,具枣香味,甜酸适口。食用时用小刀切成方形块状,每块 50 g。还可用塑料膜封装小块销售。此产品可为加工业创造可喜效益。

5.3.23 多维红枣山楂糕加工方法

该产品色泽棕红或暗红,结构微密有弹性,入口嚼有韧性,味酸甜适口,有红枣和山楂味,加工方法如下:

(1)选料。挑选成熟度好的干红枣、鲜山楂和胡萝卜,剔除霉烂和虫蛀的次品。

(2)清洗浸泡及切碎。用流动清水清洗山楂、胡萝卜表面的泥沙和杂质,沥干。红枣洗净后浸泡 12 h。把较大的胡萝卜切碎,有利于较快地水煮软化。

(3)煮料软化。原料配比为 40%的红枣、30%的山楂、30%的胡萝卜,加上与三者总量 2/3 的水、1/2 的糖。水煮时,先将红枣加盖焖煮 1 h,再加山楂、胡萝卜,继续煮沸半小时,当锅内中心温度达到 105 ℃时,终止软化。

(4)打浆过筛。将软化的原料,保持 60 ℃以上温度,在筛孔径为 1.45 mm 的打浆机中打浆,以去掉果皮、果核、果籽等。

(5)加柠檬酸和明矾。把果酱放在搅拌机内,加柠檬酸调整 pH 至 2.9~3.1,明矾加入量为原料重的 1%,加琼脂 1%,搅拌 3~5 min 使果酱均匀即可。

(6)装箱冷却成形。搅拌好的果泥放在蜡纸垫好的纸箱里冷却,在室温 10 ℃以下,经 24 h 就可成糕。注意冷却时不要搬动,以免影响成糕。成品经检验合格后即可出售。

为了常年生产,可将红枣干藏,胡萝卜鲜藏,山楂可以洗净、煮熟、冷却,贮于水泥池或大缸内,表面用塑料薄膜及黄泥封严,以隔绝空气,防止变质。

5.3.24 枣香精加工方法

枣香精为深红色的澄清溶液,无沉淀和结晶物,有浓郁的枣香味和酒精味,加工方法如下:

(1)选料。选成熟度好的残次枣为原料,剔除干瘪、黄皮、发霉变质的枣及杂质。

(2)清洗晾干。用流动清水把枣反复淘洗干净,晾干枣表面的水分。

(3)抽提。把晾干的枣果放入抽提容器中,用 80%食用酒精或有机溶剂浸泡 24 h,即可将枣香精抽提到酒精溶液中,按此法共抽提 3 次,可得到深红色酒精抽提液。当枣颜色由红变灰时,枣香精基本抽提完毕。

(4)回收酒精。将抽提液灌于蒸馏器中,用蒸汽加热,蒸馏出酒精,经过冷凝管,得到液体酒精为回收液。

(5)香精净化。用酒精抽提出的枣香精,含有许多杂质,在低温条件下,大部分容易结晶,通过低温冷冻,除去固体物质,即可得到净化枣香精。

(6)包装。把成品枣香精装入干净的棕色玻璃瓶中,密封置于阴凉处贮存;否则,枣香精容易挥发。

注意用酒精抽提时要掌握好温度,温度过高酒精损失大,温度过低抽提时间长。

5.3.25 酒枣加工制作方法

酒枣又名醉枣,是用酒浸制而成的枣。从树上精心挑选着色良好、果个均匀、无虫害的鲜枣,采摘后,用 60 度白酒喷洒均匀,放入肚大口小的瓷罐或坛子内,装满后用无毒聚乙烯塑料薄膜包扎罐口,最外面用泥密封,可贮存到春季以后,仍保持鲜枣果形。外观饱满,色泽新鲜、均匀一致,果肉略松,味美脆甜,具有酒香味,口感很好,老少皆喜,是枣产区群众经常采用的一种简易加工方法。醉枣具体加工步骤如下:

(1)选料。以个大、色美、果形整齐、肉质疏松、可溶性固形物含量高的鲜食品种为佳。

(2)清洗。用流水清洗干净，晾干水分。

(3)涮酒密封。将准备好的枣在白酒中轻轻涮过或将酒均匀喷洒在其上，放入干净的缸、坛或无毒塑料袋中，密封，置于冷凉处贮放，1个月后即成。密封效果好的可贮至翌年2—3月。

也可以用食用酒精配成含量70%的高度酒液，再加入香味醇厚的优质白酒，将枣分批少量倒入酒液中全面浸蘸，捞出后立即装入容器密封，严防漏气发酵、霉变。在封盖前，如果放入适量苹果，可加工成果香醉枣。用大坛封存的醉枣，售前取出，再次蘸酒消毒，用小塑料袋分装封口，可延长货架期。

5.3.26 其他枣加工品

在我国枣主产区，鲜枣还可加工制作枣馍、枣糕、枣汤、枣豆蓉、枣豆馅粉、枣饼、枣片、枣饴糖、枣冰淇淋、枣叶绿茶、红枣原粉、枣红色素、红枣豆浆晶、枣泥苹果酥等系列食品。

5.4 红枣的干制方法

枣果是木本粮食，一般认为属干果类型，与其他水果相比，新鲜枣果保鲜贮藏期较短，鲜食仅占总产量的一小部分，而绝大部分用于制作干枣(红枣)贮藏，以备食用或药用。红枣即由充分成熟的鲜枣，经晾干或晒干等方法制成，为我国目前各类枣果干制品中加工方法最简单的一种，南北枣区普遍应用。红枣加工方法有以下几种。

5.4.1 自然通风晾干法

枣果采收后，拣除烂枣，摊放在树荫下的秫秸箔上，使枣果逐渐散发水分而成红枣，大约经过1个月，即可晾干。也可把采下的鲜枣按干湿程度分开，成垄形摊放在通风的室内，一般垄高30 cm左右，每隔2~3 d翻动一次，阴雨天每天翻动一次。湿度大的要勤翻，湿度小的可少翻。当含水量降至28%以下，手握不发软时，即可分级收藏。自然晾干的红枣,色泽鲜艳,果皮皱纹较少,外观较好。

5.4.2 席箔晒枣法

选通风向阳的场地,在地面铺展席箔,将鲜枣均匀地摊放其上,厚 3~4 cm,每天翻 2~3 次,使枣成高低起伏的瓦垄状,晚上集中成堆,盖席或布单子,防止露水返潮。次日早上露水干后,再摊开重晒,经 15~20 d 即可晒干。为了加快干制速度,可用砖砌成小墩,放上木杆,将席箔撑起,以利通风,席箔上可摊放 6~10 cm 厚,每天多翻动几次,使上下均匀失水干燥。此法干制的红枣成色好。

5.4.3　塑料薄膜晒枣法

选向阳平坦场地，铺 10 cm 厚干草，或在支架上放箔，箔上盖黑布单，堆枣 3 层厚，最后上面盖聚乙烯塑料薄膜，四边压实，在阳光下晒 1 ~2 h 后，将塑料布上蒸发的水分抖掉，翻过盖上，每天抖 3~4 次水珠，无直射阳光的白天或夜间、早晚要揭膜通风大晾。此法晒枣卫生、色泽鲜艳，破烂极少。一般每千克塑料薄膜可盖鲜枣 100~150 kg。

5.4.4　太阳能烘枣法

建造坐北向南、倾斜度为 34°的单斜面玻璃温室，将枣放于温室内的箔架上，利用日光玻璃温室的热能把枣烘干。此法不受阴雨天气的干扰，损失较小，但代价较高，宜在有条件的地方应用，如果结合冬季栽培花卉、蔬菜，使温室得以充分利用，将会降低建造成本，提高经济效益。

5.4.5　小型炕枣法

为了缩短制干时间，减少腐烂、降低损耗率，提高产品质量和制干率，河南、陕西、山西等地的枣树工作者和枣农研究总结出小型红枣烤房与小型土炕炕枣法，效果良好。炕房或烤房多为土木结构，建筑材料主要用土坯、麦秸泥、木材等，适合于家庭应用。升温系统采用回垄加温，通风排潮系统采用墙基式进气和房顶烟囱式排气的装置，装载系统用竹木烤架分层分排设置。炕枣时要掌握 3 个阶段：

(1)升温阶段。4~6 h，温度以 55 ℃为宜，加温不能过猛，否则会成硬壳枣。

(2)高温阶段。4~6 h，此时游离水大量蒸发，向外扩散很快。火力加大室温上升为 65~68 ℃为宜，最高不能超过 70 ℃，否则会使糖分焦化。相对湿度高时随即排气、翻枣，防止蒸枣。

(3)降温阶段。约需 2 h，由 68 ℃下降到 55 ℃，3 h 左右便可出炕，必须晾好后才能入库。采用短期炕干，可比日晒法出干枣率提高 18%，提高好果率 5%以上，枣色红亮，清洁卫生，炕制时间短，一天一炕,还可杀死部分桃小食心虫。

5.4.6 浸烫晒制法

选用进入完熟期充分成熟的新鲜枣果,将鲜枣放在开水锅中烫煮1~2 min,然后沥干水分,再将烫煮沥干后的枣,摊放在用砖、秫秸箔架成的晒床上,进行暴晒。经过15 d左右,果肉含水量降到25%以下,受压挤后不会成黏泥状,即可分级收藏。需要注意的是:烫煮锅要大,容水量要多,每次烫煮的枣果要少,使枣入锅后仍能保持95 ℃左右的高温,以便在1~2 min内完成烫煮杀菌过程,可以防止晒干过程中浆烂,保持果皮、果肉生鲜状态,以利晒成的红枣具有传统特色。切忌烫煮时间过长,引起以后浆烂。在晒制过程中,要注意经常翻动,夜间覆盖透气防露水的苇席,如果下雨,及时覆盖苇席或其他防雨材料,也可以暂入室内摊放晾晒。晒干以后经过分级的枣,最好用净水清洗,复晒干燥后,再装入塑料袋中封口销售或者贮存,可以提高红枣的外观品质和商品价值。

5.4.7 机械烘干法

常用的机械有带式烘干机和隧道式烘干机两种。带式烘干机为四层传送带式干燥机,采用蒸汽加热,暖气管装在金属网中间,新鲜空气由下层进入,通过暖气管变为热气,使枣蒸发出水分,将湿气由出气口排出,从而制成干枣。操作时,把采收后经过分级清洗的湿枣装入干燥机中上部的进料口,随着传送带的移动,枣也依次由上层逐渐向下移动,至干燥完毕后从最下层一端出来。该机的装载量为12~15 kg/m^3,初始温度55 ℃,终端温度68~75 ℃,终点相对湿度25%~30%,所需干燥时间18~24 h。隧道式烘干机的干燥部分为狭长隧道形,隧道干燥间长12~18 m,宽1.8 m,高1.8~2.0 m,侧面设有加热间,加热间一端或两端设加热器或吸风机,可使热空气进入干燥间,从而促使被干燥物料中的水分蒸发而被干燥。操作时,把清洗过的枣果铺放在传送带或者装在运输小车上,沿隧道间歇或连续通过而实现干燥。要注意装载车在高温端的停留时间,要控制最后干枣的温度不超过66~67 ℃,以防止干枣焦化。机械烘干法的最大优点是不受气候因素影响,可以随时进行,适宜在重点枣区推广应用,是现代枣树基地大规模商品化生产的必要条件。

第6章 枣树资源开发及在庭院绿化中的应用

枣树寿命长达200~300年,生长快,结实早,适应性强,栽培管理比较容易,抗风沙、抗炎热、耐干旱、耐寒冷,性喜干燥气候及中性或微碱性沙壤土,除东北吉林、黑龙江等严寒地区和青藏高原外,全国各地均有分布。枣树花朵金黄色,呈梅花形,花期很长。花开时节,清香一片,秋季成熟季节,红果累累,挂满枝头,甜脆可口,惹人喜爱。枣树既是良好的城郊防护林树种,又是庭院绿化的经济林之一;既可盆栽制作盆景观赏,又可在园林绿地配置,构成园林景观,尤其是龙爪枣,观赏价值更高。在城市近郊适当建立枣林游览区,集观赏与食用为一体,对游人开放,可使人们尽情饱览大自然中美丽的田园风光,增加旅游的野趣,又可供游人根据爱好随意品尝大枣的独特风味,使人有回归大自然的美感,从而陶冶情操,增长枣树科学知识,又能促进当地园林事业的发展。

(1)建立观赏枣园。

枣树花呈金黄色,2~3朵簇生于叶腋之间,花期为5—6月,果实卵形至椭圆形,成熟时为红色或暗红色,果实成熟期在8—9月。枣树叶片蜡质层较厚,在阳光的照射下,甚是美观。各地可根据实际情况,结合园林生产建立观赏枣园,对外开放,供游人观摩、欣赏。枣园一般以长方形行列式栽植为好,以便达到通风透光、充分利用土地和空间、有利于开花结果的目的。也可沿山坡等高线栽植,或者采用自然式的丛状栽植。而观赏枣园最好采用几何图形布局,如圆形、方形、菱形、三角形等,以增加其艺术性。当然也可以设计成不规则的自然布局方式,以便游览观赏。树下及行间可栽植耐阴草坪或地被植物,适当配置一些山石,可增加野趣,供人们选坐,稍事歇息。周围可由花篱、低矮的绿篱圈定。可按不同品种、不同成熟期、不同用途分区栽植或混合种植。品种应以观赏枣品种群为主，适当配置一些脆枣品种、干枣品种，以及鲜食制干兼用品种。

（2）营造城郊枣树防护林带。

枣树原产我国黄河中下游的晋陕峡谷一带，具有防风固沙、保持水土的作用，适宜在城市郊区发展种植，建立枣树与其他乔灌木相结合配置的防护林带，构成郊区经济林网，既有良好的生态效益，又有一定的经济效益，可在城市周围构成一周绿色屏障，组建大型生态平衡圈，从而为改善城市环境发挥积极作用。另外，还可在风景区建设中，开发利用枣树（包括酸枣资源），以维持生态平衡。例如郑州黄河游览区、三门峡陕州风景区中，野生酸枣及枣树均在荒山、荒滩绿化中发挥了一定作用。在郊区园林苗圃、别墅山庄、农业科技示范园区的道路边、水渠旁，都可以用枣树作行道树，绿化美化自然环境。

（3）庭院绿化栽植枣树。

居民区的绿化是城市园林绿化的一个重要组成部分，面积大、战线长、情况复杂，但往往被人们忽视掉。居民区往往道路狭窄，不像街道有足够的绿化面积供种植花灌木等。为了扩大居民区的绿地面积，必须见缝插针，在不宜种植草坪、花坛的房前屋后，可以栽植枣树，从而提高绿化覆盖率，既利于行人观赏，又美化环境。由于枣树春季发芽晚、秋季落叶早、夏天可遮阴、冬天宜采光，能为居民生活创造一个比较优美的自然环境，故在我国许多地方的院落中普遍栽植，仅河南省的郑州、开封、洛阳等城市的居民区就有不少枣树，但遗憾的是，目前尚未引起有关园林部门的重视，应统一规划，合理布局，使之发挥应有的绿化作用。

参 考 文 献

[1] 董启风.中国果树实用新技术大全:落叶果树卷 [M]. 北京:中国农业科技出版社,1998.

[2] 高新一,马元中,王玉英.枣树高产栽培新技术 [M] . 北京:金盾出版社,1998.

[3] 毛永民.枣树高效栽培 111 问[M].北京:中国农业出版社,1999.

[4] 曲泽洲,王永惠.中国果树志:枣卷[M].北京:中国林业出版社,1993.

[5] 任继海.枣树管理与红枣贮藏加工[M].北京:中国科学技术出版社,1998.

[6] 王立新.枣[M].郑州:河南科学技术出版社,1993.

[7] 王立新.经济林栽培[M].北京:中国林业出版社,2003.

[8] 吴国良,王立新.经济林优质高效栽培[M].北京:中国林业出版社,1999.

[9] 谢碧霞,胡芳名.枣树丰产栽培与加工技术[M] 北京:中国林业出版社,1993.

[10] 于泽源,王立新.果树栽培[M].2 版.北京:高等教育出版社,2010.

[11] 余学友.河南林业科技推广[M].郑州:黄河水利出版社,2002.

[12] 周广芳,郭裕新.枣树早实丰产栽培技术[M].济南:山东科学技术出版社,1998.

[13] 王立新,梁文杰,陈楷,等.枣高效益生产技术[M].北京:中国农业出版社,2012.

[14] 国家林业局.南方鲜食枣栽培技术规程:LY/T 2535—2015[S].北京:中国标准出版社,2016.

